Sortie des collections du SCD
de Haute Alsace

AF859211

COLLECTION
FOLIO/ESSAIS

Dewey 530.01 HEI

Werner Heisenberg

La nature dans la physique contemporaine

Traduit de l'allemand
par Ugné Karvelis
et A. E. Leroy
Introduction par Catherine Chevalley

BIBLIOTHEQUE MULHOUSE UNIVERSITE HAUTE ALSACE

Gallimard

Titre original :

DAS NATURBILD DER HEUTIGEN PHYSIK

© Éditions Gallimard, 1962 pour la traduction en français, 2000, pour l'avant-propos, l'introduction et les annexes.

Publié originellement dans la
Rowohlts Deutsche Enzyklopädie
sous la direction de Ernesto Grassi.

Avant-propos

La nature dans la physique contemporaine *est la traduction française, faite en 1962 et rééditée ici à l'identique, du volume* Das Naturbild der heutigen Physik (L'image de la nature dans la physique contemporaine) *publié par Werner Heisenberg en 1955, dans la collection de la* Rowohlts deutsche Enzyklopädie. *Ce volume rassemblait trois conférences, datées respectivement de 1949, 1952 et 1953, ainsi qu'un choix de textes d'histoire des sciences, une notice sur Heisenberg, une bibliographie générale, et un article consacré au concept de nature dû aux rédacteurs de la collection. À l'occasion de cette réédition, la traduction française existante a été reprise sans modifications, mais l'on y a ajouté la notice sur Heisenberg et la bibliographie générale, qui avaient été omises dans l'édition de 1962.*

*L'objet principal de l'*Introduction *est de situer le recueil de 1955 dans l'évolution des idées philosophiques de Heisenberg. Après une analyse du rôle que joue la référence à la philosophie dans les écrits dits*

« non techniques » de Heisenberg, on trouvera ici un commentaire du premier article du recueil, « L'image de la nature dans la physique contemporaine », qui donne son titre au volume allemand et qui marque, en 1953, une confrontation entre Heisenberg et Heidegger sur la question de la « crise de la technique ».

Les Œuvres complètes *de Heisenberg ont été publiées en neuf volumes, par les soins de H. Rechenberg, entre 1984 et 1989 (cf. note 2 p. 11). Pour une bibliographie des articles et des ouvrages de Heisenberg, ainsi que de la littérature secondaire récente, on peut se reporter à la traduction française du « Manuscrit de 1942 »,* Philosophie *(cf. note 2 p. 11). Le livre de M. Jammer,* The Conceptual Development of Quantum Mechanics *(New York, 1966 ; rééd. 1989) reste la meilleure référence générale en ce qui concerne la construction de la physique quantique, mais il faut y ajouter l'étude à la fois technique et épistémologique qu'a publiée O. Darrigol en 1992,* From c-numbers to q-numbers. The Classical Analogy in the History of Quantum Theory *(cf. note 2 p. 22). En ce qui concerne Heisenberg, certains travaux récents ont modifié profondément la perception courante de ses idées — notamment la biographie publiée par D. Cassidy en 1992 (cf. note 3 p. 10-11), l'analyse du contexte politique proposée par H. Rechenberg dans* W. Heisenberg, Deutsche und jüdische Physik *(Munich et Zurich, R. Piper, 1992), et la thèse, encore inédite, soutenue par C. Carson en 1995 sur le rôle culturel de Heisenberg dans l'Allemagne de l'après-guerre (cf. note 1 p. 14) —, et sont donc des références nécessaires pour toute analyse approfondie.*

Introduction

La nature dans la physique contemporaine a joué pendant longtemps en France le rôle d'une introduction générale, qui semblait d'apparence aisée et facilement compréhensible, aux idées philosophiques de Heisenberg. Ce recueil de trois conférences — traduction non parfaitement intégrale du volume de 1955 de la *Rowohlts deutsche Enzyklopädie* intitulé *Das Naturbild der heutigen Physik* (exactement : *L'image de la nature dans la physique contemporaine*)[1] — complétait en 1962, lors de sa publication, la présentation au public français de l'œuvre dite « non technique » de Heisenberg, après la traduction de *Physique et philosophie* en 1961[2]. Seuls les physiciens avaient pu aupa-

1. W. Heisenberg, *Das Naturbild der heutigen Physik*, Hambourg, Rowohlt, 1955. Le titre français fait ainsi l'économie du problème redoutable de la traduction du terme de *Bild*. Sur la concordance entre le texte allemand et la traduction française, voir plus loin les Annexes.

2. W. Heisenberg, *Physics and Philosophy. The Revolution in Modern Science*, New York, Harper & Row, 1958. Il s'agit du texte des Gifford Lectures, conférences prononcées par Heisenberg à l'université Saint-

ravant, et à condition de manifester une certaine obstination, lire quelques textes de Heisenberg en français : le grand rapport sur « La mécanique des quanta » présenté par Heisenberg et Max Born au Ve Congrès Solvay de 1927 et publié dans les actes de ce Congrès chez Gauthier-Villars[1] ; les interventions de Heisenberg aux VIe et VIIe Congrès Solvay[2] ; ou encore, à la fin des années 1950, l'exposé des principes fondamentaux de la théorie quantique donné par Heisenberg à l'occasion des dix conférences à Chicago de mars et avril 1929 et traduit en 1957 sous le titre de *Les principes physiques de la théorie des quanta*[3]. La publication de *Physique et philosophie*, puis de *La*

Andrews en Écosse, en 1955-1956. Heisenberg en assure lui-même la traduction allemande, qui paraît en 1959 (sans le sous-titre, dont Heisenberg ne voulait pas) : *Physik und Philosophie*, Stuttgart, S. Hirzel. Traduction française : *Physique et philosophie. La science moderne en révolution*, Paris, Albin Michel, 1961 ; rééd. 1971.

1. W. Heisenberg et M. Born, « La mécanique des quanta », in *Électrons et photons — Rapports et discussions du cinquième Conseil de physique. Institut international de physique Solvay*, Paris, Gauthier-Villars, 1928. Le texte original a disparu des Archives Solvay et l'on ne dispose que de la traduction française.

2. Voir resp. *Le magnétisme — Rapports et discussions du sixième Conseil de physique*, Paris, Gauthier-Villars, 1932 (Congrès Solvay de 1930), et la communication de Heisenberg au Congrès Solvay de 1933, « Considérations théorétiques générales sur la structure du noyau », in *Structure et propriétés des noyaux atomiques — Rapports et discussions du VIIe Conseil de physique*, Paris, Gauthier-Villars, 1934.

3. W. Heisenberg, *The Physical Principles of Quantum Theory*, Chicago, University of Chicago Press, 1930. Le texte original allemand de ces conférences paraît également en 1930 : *Die physikalischen Prinzipien der Quantentheorie*, Leipzig, S. Hirzel. La traduction française est publiée chez Gauthier-Villars en 1957 avec une préface de Louis de Broglie (contrepartie de l'avant-propos écrit par Heisenberg pour la traduction allemande de *Matière et lumière* : voir L. de Broglie, *Licht und Materie. Ergebnisse der neuen Physik*, Hambourg, H. Govaerts Verlag,

nature dans la physique contemporaine ouvrait donc en France le premier accès à la réflexion philosophique de Heisenberg. La traduction en 1972 de l'autobiographie intellectuelle de Heisenberg, *La partie et le tout*[1], donnera d'autres indications ; mais l'œuvre philosophique la plus dense et la plus systématique de Heisenberg, le long manuscrit écrit en 1941 et 1942 et publié en allemand de manière posthume en 1984[2],

1939). Les conférences de Chicago ont joué un rôle décisif pour l'introduction de la mécanique quantique aux États-Unis. Heisenberg y donnait une présentation extrêmement claire des expériences et des principes de la théorie, notant dans sa Préface que « l'on trouve encore chez beaucoup de physiciens, plutôt qu'une claire intelligence des nouveaux principes, une sorte de foi dans leur vérité » et que, par ailleurs, la connaissance de l'appareil mathématique est « beaucoup plus répandue que celle des principes fondamentaux ». On peut ajouter que le texte de 1930 est entièrement consacré à exposer le point de vue de Bohr et la nature de « l'esprit de Copenhague » (*Kopenhagener Geist*) ; Heisenberg ne s'y cite lui-même nulle part et présente les relations d'indétermination comme une conséquence des principes généraux de la théorie. Pour des remarques analogues, voir D. Cassidy, *Uncertainty : The Life and Science of Werner Heisenberg*, New York, Freeman & Co., 1992, p. 264-265.

1. W. Heisenberg, *Der Teil und das Ganze. Gespräche im Umkreis der Atomphysik*, Munich, R. Piper, 1969. Traduction française : *La partie et le tout. Le monde de la physique atomique*, Paris, Albin Michel, 1972. Initialement, Heisenberg voulait faire de ce livre un exposé général de ses idées philosophiques et ce n'est que graduellement que le texte a pris une forme autobiographique.

2. Ce manuscrit a été reproduit sans titre dans l'édition des œuvres complètes de Heisenberg, par les soins de H. Rechenberg ; voir W. Heisenberg, *Gesammelte Werke*, H. Rechenberg, W. Blum et H. P. Dürr éd., 9 vol. divisés en trois séries : Série A, Berlin, Springer, 1985, 1989 et 1993 ; Série B : Berlin, Springer, 1984 ; Série C : Munich, Piper, 1984, 1985, 1986 et 1989 (abrégé dans ce qui suit en *GW*), ici GW C-1, 218-306. Il a ensuite été publié indépendamment par H. Rechenberg, sous le titre de *Ordnung der Wirklichkeit*, Munich, R. Piper, 1989. Traduction française : *Philosophie. Le manuscrit de 1942*, Paris, Le Seuil, 1998.

n'est disponible en français que depuis 1998. Entre le début des années 1960 et aujourd'hui, la connaissance courante des positions de Heisenberg a donc reposé à peu près entièrement en France sur *Physique et philosophie* et sur *La nature dans la physique contemporaine*.

Autant dire que les écrits de Heisenberg sont restés en règle générale extrêmement mal connus là même où il existait une tradition philosophique davantage susceptible de les accueillir que la tradition dite « analytique » qui prédominait à la même époque aux États-Unis et même en Allemagne. Pour mesurer à quel point la diffusion des idées de Heisenberg s'est faite de manière partielle et inadéquate, il faut rappeler que l'ensemble des écrits épistémologiques, historiques, esthétiques et philosophiques de Heisenberg s'étend de 1930 à sa mort en 1976 et que, même si l'on omet les nombreux articles non rassemblés en livres, il faut au moins prendre en compte trois recueils de textes : *Wandlungen in den Grundlagen der Naturwissenschaft*, dont la première publication en 1935 comptait deux articles tandis que la neuvième, en 1959, en comportait douze[1] ; *Schritte über Grenzen*[2], qui rassemble en 1971 vingt et un articles, puis vingt-trois dans l'édition

1. W. Heisenberg, *Wandlungen in den Grundlage der Naturwissenschaft*, Leipzig, S. Hirzel, 1935. L'édition de 1959 est la plus complète. La traduction anglaise, assez approximative, publiée en 1952 sous le titre de *Philosophic Problems of Nuclear Science* (New York, Pantheon Books ; rééd. Ox Bow Press, Woodbridge, Conn., 1979, 1986), reprend la 8e édition.

2. W. Heisenberg, *Schritte über Grenzen. Gesammelte Reden und Aufsätze*, Munich, R. Piper, 1971 ; rééd. augmentée, 1973. Traduction anglaise partielle : *Across the Frontiers*, New York, Harper & Row, 1974.

de 1973 ; et enfin *Tradition in der Wissenschaft*[1], dont la publication posthume en 1977 réunit encore neuf articles. Soit quarante-quatre textes, qui représentent, avec d'autres encore, le développement, le prolongement ou l'aménagement d'une pensée formée progressivement au cours des années 1930-1940, mais restée largement inconnue.

La nature dans la physique contemporaine n'est pas pour autant un livre mineur, dont l'importance serait négligeable par rapport à d'autres. Les trois textes de 1949, 1952 et 1953 rassemblés dans le recueil n'ont que très peu de chose en commun, puisque l'un traite de questions d'éducation, l'autre du principe de causalité et le troisième de la crise de la technique. Mais un trait les réunit : malgré l'apparente abstraction de leur propos, chacun constitue une intervention précise de la part de Heisenberg dans des débats contemporains.

La conférence sur « Science de la nature et formation humaniste » (*Naturwissenschaft und humanistische Bildung*)[2], qui apparaît en troisième place dans le recueil mais qui est la première chronologiquement, expose d'abord, dans le contexte très fortement symbolique du centième anniversaire du Maximilians-Gymnasium de Munich (où Heisenberg avait fait ses études), certaines des idées essentielles de Hei-

1. W. Heisenberg, *Tradition in der Wissenschaft. Reden und Aufsätze*, Munich, R. Piper, 1977. Traduction anglaise : *Tradition in Science*, New York, Seabury Press, 1983.

2. W. Heisenberg, « Naturwissenschaft und humanistische Bildung » (conférence donnée le 13 juillet 1949 à l'occasion du 100e anniversaire du Maximilians-Gymnasium de Munich), in *100 Jahre Maximilians-Gymnasium. Ein Beitrag zur Geschichte des Gymnasiums in Bayern*, H. Sharold éd., Munich, 1949, 153-164 ; rééd. in *Das Naturbild der heutigen Physik, op. cit.*, p. 36-46 ; *Schritte, op. cit.*, p. 95-108 ; et *GW* C-5.

senberg en matière d'éducation : maintenir la culture humaniste, et notamment l'étude de l'Antiquité et de la Renaissance, parce que c'est à l'Antiquité et à la Renaissance que l'on doit le « trait fondamental » de la pensée — savoir poser le problème du rapport entre le « questionnement à partir des principes » (*prinzipieller Fragestellung*) et la pratique empirique —, ainsi que le primat des valeurs de l'esprit (*die geistigen Werte*) sur les valeurs matérielles. Si le texte de 1949 se termine sur un hommage aux valeurs de l'Occident qui peut paraître déconcertant aujourd'hui, il doit cependant être lu dans le contexte des débats de l'époque sur la formation des scientifiques — classique et humaniste comme cela avait été le cas dans l'Allemagne de l'avant-guerre, ou bien « américanisée » —, ainsi que sur le rôle de l'Europe. Dans ce débat, le fait de rappeler les valeurs de l'Occident (*Abendland*) et le rôle unifiant du christianisme dans l'histoire de l'Europe avait, du moins en Allemagne, la signification d'un rejet du discours national-socialiste[1]. Hors de ce contexte la conférence de 1949 reste donc largement incompréhensible, de même que, hors de son contexte, l'européanocentrisme de Husserl à la fin des années 1930.

Le second article du recueil, « Physique atomique et loi de causalité » (*Atomphysik und Kausalgesetz*[2]),

1. Pour une remarque analogue, voir C. Carson, « Particle physics and cultural politics : Werner Heisenberg and the shaping of a role for the physicist in postwar West Germany », Thèse, Harvard University, 1995, p. 81.

2. W. Heisenberg, « Atomphysik und Kausalgesetz » (conférence donnée à la *Handelshochschule* — École de commerce — de St Gallen, en Suisse, en février 1952), *Merkur* 6 (1952), p. 701-711 ; rééd. in *Das*

expose pour sa part certaines des idées essentielles de Heisenberg en matière d'épistémologie : la physique atomique a transformé le concept moderne de « loi de la nature » en lui substituant celui de loi statistique et en modifiant ainsi la signification de la notion de causalité. Le texte de 1952, qui n'est simple qu'en apparence, est écrit de façon très dense et retrace l'évolution des notions de cause, de loi et d'atome depuis les Grecs et la scolastique jusqu'à la physique théorique du début des années 1950, marquée par la prolifération des particules et la discussion des paradoxes temporels de la relativité. Là encore la conférence de 1952, dont la fin comporte des remarques elliptiques sur la théorie quantique des champs relativiste, doit être mise en rapport avec un contexte contemporain : celui des difficultés que Heisenberg rencontre à cette époque dans son travail scientifique[1].

Le premier article du recueil, enfin, qui lui donne son titre, est lui aussi enraciné dans l'actualité des débats de l'après-guerre. La conférence sur « L'image de la nature dans la physique contemporaine » (*Das Naturbild der heutigen Physik*[2]), représente en effet

---

Naturbild der heutigen Physik, op. cit., p. 24-35 ; *Schritte, op. cit.*, p. 128-141 ; et *GW* C-1.

1. Pour le rapport entre la conférence de 1952 et le travail de Heisenberg en physique en 1951-1952, voir C. Carson, « Particle physics and cultural politics », *op. cit.*, p. 83 et p. 445 sq. C. Carson mentionne une lettre de Heisenberg à Heinz Klaÿ du 16 janvier 1952 (*Heisenberg Archiv*) dans laquelle Heisenberg reconnaît que sa conférence est sans doute plus difficile à comprendre que ses articles techniques sur les rayons cosmiques.

2. W. Heisenberg, « Das Naturbild der modernen Physik » (conférence donnée à l'Académie des Beaux-Arts de Bavière, à Munich le 17 novembre 1953), in *Gestalt und Gedanke. Jahrbuch der Bayerischen*

une intervention importante dans les discussions du début des années 1950 sur la crise de la technique, puisque Heisenberg tente d'y poser la question de la technique en termes nouveaux en la comprenant non plus comme science « appliquée » mais comme processus autonome. Par ailleurs, le texte de 1953 constitue aussi l'un des principaux moments de la confrontation philosophique entre Heisenberg et Heidegger : Heisenberg prononce sa conférence le 17 novembre 1953 dans le cadre d'un colloque sur « Les arts à l'époque de la technique » (*Die Künste im technischen Zeitalter*) auquel Heidegger contribue le lendemain par le texte qui sera publié sous le titre de « La question de la technique » (*Die Frage nach der Technik*[1]), où il cite plusieurs fois Heisenberg. On assiste ainsi à une situation étrange, où deux écrits initialement étroitement liés l'un à l'autre ont connu ensuite chacun une diffusion et une célébrité immenses, mais indépendantes, sans que ce lien originaire soit resté visible[2].

Akademie der schönen Künste, vol. III : *Die Künste im technischen Zeitalter*, Munich, R. Oldenburg, 1954, p. 43-49 ; rééd. in *Das Naturbild der heutigen Physik, op. cit.*, p. 7-23 ; *Schritte, op. cit.*, p. 109-127 ; et *GW* C-1.

1. Les deux conférences de Heisenberg et de Heidegger sont publiées d'abord ensemble, à la suite l'une de l'autre, in *Gestalt und Gedanke, op. cit.*, resp. p. 43-69 et p. 70-108. La conférence de Heisenberg est ensuite rééditée dans le recueil de 1955, *Das Naturbild der heutigen Physik*, et donc traduite dans *La nature dans la physique contemporaine*, tandis que celle de Heidegger est rééditée dans le recueil de 1954, *Vorträge und Aufsätze*, Pfüllingen, Neske, p. 9-40 (traduction française : « La question de la technique », in M. Heidegger, *Essais et conférences*, Paris, Gallimard, 1958, p. 9-48). Outre Heisenberg et Heidegger, le colloque de novembre 1953 comportait notamment des conférences de Friedrich Georg Jünger, Emil Pretorius, Romano Guardini.

2. C. Carson a récemment, de son côté, attiré l'attention sur ce lien et elle y consacre un passage de sa thèse ; voir C. Carson, « Particle phy-

Au vu de ces remarques, on doit donc poser la question de savoir comment lire aujourd'hui *La nature dans la physique contemporaine*. Bien que le public attende souvent d'un livre écrit par un savant qu'il soit « hors histoire » et de style explicatif (« voici la nature telle qu'elle est »), le recueil de 1955 n'est pas un exposé « populaire » de vulgarisation des avancées de la physique contemporaine, et il n'est pas non plus « hors histoire ». Heisenberg y affirme un intérêt pour la philosophie — plus exactement, il y affirme la nécessité de la philosophie —, et ce rapport à la philosophie doit donc être analysé pour lui-même et situé dans une évolution et un contexte précis. D'où une

sics and cultural politics », *op. cit.*, p. 86-91. Je remercie par ailleurs C. Carson pour la communication de ses notes sur la correspondance de Heisenberg — y compris avec Heidegger — concernant l'organisation du colloque de 1953, ainsi que H. Rechenberg pour l'autorisation de citer ces lettres. Il ressort de cette correspondance que Heidegger souhaitait vivement, déjà en 1951, s'entretenir avec Heisenberg sur la question de la technique. Heisenberg semblait également désireux de rencontrer Heidegger à ce sujet, mais il invoque en 1952 le manque de disponibilité (cf. la lettre à Max Pahl du 5 février 1952 conservée dans les Archives Heisenberg de Munich : « *Mit Herrn Heidegger würde ich sehr gern wieder einmal zusammenkommen, aber es ist leider so entsetzlich schwer irgendwelche freie Zeit zu finden, dass ich noch nicht weiss, wann es sein könnte* »). Il semble en outre que Heisenberg n'était pas certain d'avoir quelque chose à dire sur la question ; en avril 1954, un an après le colloque, Heisenberg écrira d'ailleurs, rétrospectivement, que « l'objet des conférences de Munich nous a semblé dès le début particulièrement problématique » (lettre à H. Scholz, Archives Heisenberg : « *... deren Gegenstand uns von vornherein besonders problematisch war* »). Selon C. Carson, la position de Heisenberg sur le problème de la technique ne s'est précisée que lentement au cours des années 1960. La conférence de 1953 n'élude pas pour autant les difficultés du problème ; pour une analyse des divergences de vues entre Heidegger et Heisenberg sur la question de la technique, voir plus loin la Section 2 de cette Introduction.

première question générale : que peut-on dire aujourd'hui de la place qu'a occupée la philosophie dans l'ensemble des écrits de Heisenberg ? Seule une réponse à cette question peut permettre ensuite de rendre visible ce dont il s'agit dans le premier et principal article du recueil, c'est-à-dire dans le texte de 1953 auquel répond ensuite la conférence donnée le lendemain par Heidegger sur la question de la technique. Ce sont ces deux points que j'aborderai dans ce qui suit.

HEISENBERG ET LA PHILOSOPHIE

Positivisme, irrationalisme, dilettantisme ?

Toute tentative pour situer le volume de 1955 dans l'évolution du rapport à la philosophie qui marque l'œuvre « non technique » de Heisenberg se heurte d'entrée de jeu à une suspicion de principe : est-on effectivement en droit d'attribuer à Heisenberg une réflexion philosophique propre ? Ou bien, selon une opinion commune aujourd'hui, ne s'est-il fait, au long de ses trois cent quatre-vingt-dix-sept articles et interviews différents portant sur ce que les scientifiques appellent pudiquement les « questions générales », que l'écho, l'interprète, le vulgarisateur, le promoteur, d'idées avancées ou formulées par d'autres ? La question doit être posée d'autant plus nettement qu'elle a été considérée la plupart du temps comme résolue d'avance — et cela, guère au crédit de Heisenberg[1] ; il faut donc examiner en premier lieu de quelle façon a été abordé, jusqu'à récemment, le problème du rôle de la philosophie dans ses écrits.

On s'aperçoit alors que la solution à toute difficulté qui pourrait se présenter a trop souvent consisté à ramener le rapport de Heisenberg à la philosophie à une simple influence par des courants d'idées. La notion de « courants d'idées » a la vertu de sa connotation hydrodynamique : elle permet de se représenter un auteur comme emporté par un flux. Pendant longtemps, ce flux porteur a été quelque chose que l'on désignait par le terme de « positivisme » ; ainsi Karl Popper reproche à Heisenberg — ainsi qu'aux autres fondateurs de l'« Interprétation de Copenhague » de la mécanique quantique — d'avoir cédé à un mélange diabolique composé « de plusieurs grandes erreurs » : notamment le positivisme idéaliste de Mach, diffusé par Russell et par le jeune Einstein, et la tradition subjectiviste en théorie des probabilités[2]. Plus récem-

1. La situation de Heisenberg est analogue, sous ce rapport, à celle de N. Bohr et de W. Pauli : la formation dans les années 1950 d'un mythe épistémologique, la fiction de l'« Interprétation de Copenhague », a eu pour effet de transformer complètement le discours philosophique tenu par les fondateurs de la mécanique quantique et de lui substituer un ensemble de « thèses » en grande partie controuvées. Pour une analyse générale de cette substitution, voir C. Chevalley, « Why do we find Bohr obscure ? », in *Epistemological and Experimental Perspectives on Quantum Physics*, D. Greenberger, W. L. Reiter et A. Zeilinger éd., Dordrecht, Kluwer, 1999.

2. Voir K. Popper, *Quantum Theory and the Shism in Physics*, W. W. Bartley éd., Londres, Hutchinson, 1982, Préface. Le volume réunit trois textes distincts : un manuscrit mis au net en 1957 ; la reprise modifiée et augmentée d'un article de 1966, « Quantum mechanics without the "observer" », et une Préface de 1982. Popper n'est pas le seul à avoir fourvoyé son autorité dans une « interprétation historique »

ment, certains ont avancé, à la suite de Paul Forman, que l'influence dominante sur Heisenberg et sur Bohr, voire sur la constitution de la théorie quantique elle-même, avait été celle de « l'irrationalisme de Weimar » : les physiciens se seraient ainsi alignés sur « la tendance intellectuelle dominante dans la République de Weimar », c'est-à-dire celle « d'une philosophie de la vie existentialiste, qui s'opposait fortement au rationalisme » et qui correspondait « à une tendance générale de la culture allemande, opposée à toute *Weltanschauung* rationnelle[1] ».

Le débat s'est trouvé ainsi enfermé dans une dichotomie trompeuse entre « positivisme » et « irrationa-

---

de ce genre ; on trouverait les mêmes suggestions par exemple chez M. Bunge, *Philosophy of Physics*, Dordrecht, Reidel, 1973 (traduction française : *La philosophie de la physique*, Paris, Le Seuil, 1974). De fait, la thèse du positivisme de Bohr et Heisenberg a été tacitement acceptée depuis le début des années 1950 — on la trouve déjà catégoriquement affirmée par quelqu'un comme J. Ullmo (*La crise de la physique quantique*, Paris, Hermann, 1955) — jusqu'au milieu des années 1980 environ.

1. F. Selleri, *Le grand débat de la théorie quantique*, Paris, Flammarion, 1986 (rééd. coll. Champs, 1994), p. 49. Le livre de F. Selleri, très inexact du point de vue historique, reprend la thèse de P. Forman dans un contexte polémique, celui de l'opposition à la mécanique quantique dite « orthodoxe ». L'article de P. Forman qui est à l'origine de la thèse d'une influence par « Weimar » a été publié sous le titre de « Weimar culture, causality and quantum theory, 1918-1927 » dans la revue *Historical Studies in the Physical Sciences*, 3 (1971), p. 1-116. Il a été réédité, ainsi que d'autres articles sur le même sujet, dans un volume thématique publié par K. von Meyenn : *Quantenmechanik und Weimarer Republik*, K. von Meyenn éd., Vieweg, Brunswick, 1994. Pour des critiques radicales de cette thèse, voir J. Hendry, « Weimar culture and quantum causality », *History of Science* 18 (1980), p. 155-180 ; P. Kraft et P. Kroes, « Adaptation of scientific knowledge to an intellectual environment. Paul Forman's "Weimar culture, causality and quantum theory. 1918-1927" : analysis and criticism », *Centaurus* 27 (1984), p. 76-99.

lisme », sans que les prémisses mêmes de la formulation du problème soient interrogées[1]. Compte tenu de la large diffusion que reçoivent encore de telles suggestions, il est cependant utile de les récuser explicitement. S'agissant du « positivisme », l'argument repose habituellement sur trois affirmations : celle que le positivisme de Mach était la philosophie officielle des savants dans les années 1920 ; celle que les fondateurs de la mécanique quantique se réclamaient ouvertement du positivisme logique ; et celle que cette allégeance serait manifeste dans l'usage par Heisenberg du « principe de réduction aux observables » dans ses travaux de 1925 à 1927 sur la mécanique matricielle et les relations d'indétermination. Toutefois on peut montrer *a contrario* que le rayonnement du positivisme de Mach était alors presque nul, comme en témoignent les membres du Cercle de Vienne eux-mêmes à la fin des années 1920[2] ; que Bohr, Heisen-

1. Le travail de C. Carson se caractérise *a contrario* par une mise en question de cette manière usuelle de poser le problème et par un effort pour comprendre l'engagement et le « rôle » philosophiques de Heisenberg de façon plus proche de la réalité historique et de celle des textes.

2. Voir par exemple P. Franck, « Was bedeuten die gegenwärtigen physikalischen Theorien für die allgemeine Erkenntnislehre ? », in *Erkenntnis* 1 (1930-1931), p. 126-157 (traduction française : *Théorie de la connaissance et physique moderne*, Paris, Hermann, 1934), où Franck écrit que « les vues de Mach sont généralement restées à l'état de programme ; ni lui ni ses disciples immédiats ne les ont poursuivies systématiquement ». Il faut noter également que le Cercle de Vienne, inspirateur supposé de Bohr et de Heisenberg, était un cercle informel jusqu'en 1929, c'est-à-dire deux ans *après* le Ve Congrès Solvay de 1927 qui marque la naissance de la mécanique quantique, dans son interprétation estimée positiviste. En outre, l'influence du Cercle de Vienne, forte à Vienne et à Prague, était particulièrement faible en Allemagne. Enfin, s'il existe un porte-parole philosophique « officiel » des savants dans les années 1920, ce porte-parole est indiscutablement Max

berg ou Pauli se sont démarqués avec netteté et précision du courant de l'empirisme logique dès qu'ils se sont aperçus qu'ils y étaient assimilés[1] ; et enfin, que la « réduction aux observables », principe avant tout einsteinien, était appelée par une nécessité propre à la construction de la théorie quantique : celle de mettre entre parenthèses les concepts cinématiques classiques tels que ceux de trajectoire, d'orbite ou de position de l'électron, afin de se libérer des « images intuitives[2] ».

Planck, dont l'opposition à la philosophie de Mach avait été un cheval de bataille dès le début du siècle.

1. Ces prises de position se trouvent, pour la plupart, dans les *Correspondances* de N. Bohr, W. Heisenberg, W. Pauli ou M. Born, mais on peut renvoyer, en ce qui concerne Heisenberg, au Chap. 5 de *Physique et philosophie*, au Chap. 17 de *La partie et le tout*, ainsi qu'à un article plus technique de 1955 : « The development of the interpretation of quantum theory », in *Niels Bohr and the Development of Physics*, W. Pauli, L. Rosenfeld et V. Weisskopf éd., Londres, Pergamon et New York, McGraw Hill, 1955, p. 12-29.

2. Faute de pouvoir établir ces différents points en détail ici, on peut renvoyer d'une part à la lecture des écrits et des correspondances des fondateurs de la mécanique quantique, et d'autre part aux travaux récents sur la formation de la théorie et sur la nature des discussions épistémologiques indissociables de cette formation. Pour ces travaux et des références à la littérature, voir O. Darrigol, *From c-numbers to q-numbers. The Classical Analogy in the History of Quantum Theory*, Berkeley, University of California Press, 1992 ; C. Chevalley, Introduction et Glossaire in N. Bohr, *Physique atomique et connaissance humaine*, Paris, Gallimard, 1991 ; « Philosophy and the birth of quantum theory », in *Physics, Philosophy and the Scientific Community*, K. Gavroglu *et al.* éd., Dordrecht, Kluwer, p. 1-27. Le caractère essentiellement tactique de la réduction aux observables est nettement indiqué par Heisenberg et Born dans l'introduction de leur rapport sur « La mécanique des quanta » au Ve Congrès Solvay (*op. cit.*, note 3) : « La mécanique des quanta essaie d'introduire les nouvelles notions par une analyse précise de ce qui est essentiellement "observable". Cela ne revient pas à établir le principe qu'il est possible et même nécessaire de faire une séparation nette entre ce qui est "observable" et ce qui est "inobservable". Dès qu'un système de concepts est donné, on peut

Quant à la thèse de l'influence par l'irrationalisme de Weimar, l'argument est, cette fois, que le courant dominant en Allemagne au moment de la fabrication de la mécanique quantique était, non pas le positivisme, mais celui d'une *Lebensphilosophie* opposée au rationalisme mécaniste des sciences de la nature, de sorte que les physiciens allemands se seraient disposés à abandonner la causalité afin de s'adapter à une mode idéologique qui les poussait vers ce que P. Forman appelle un « désir de crise » (*craving for crisis* [1]). Mais, outre que cette thèse repose sur une méthodologie discutable, elle se heurte, de même que précédemment, d'une part, à nombre d'affirmations contraires explicites de la part de Bohr ou de Heisenberg [2] — dont le holisme n'est jamais associé à

conclure des observations à d'autres faits qui à proprement parler ne sont pas directement observables et la limite entre ce qui est observable et ce qui ne l'est pas devient tout à fait indéterminée. Mais lorsque le système de concepts est lui-même encore inconnu, on ne s'intéresse tout naturellement qu'aux observations elles-mêmes, sans en tirer des conclusions, parce que autrement des idées fausses et d'anciens préjugés s'opposent à l'intelligence des relations physiques. »

1. Voir P. Forman, *op. cit.* note 20, p. 62. Le résultat net de l'argument est que, dans la construction de la physique quantique, « le facteur le plus important a été la pression socio-intellectuelle » (*ibid.*, p. 110).

2. Voir par exemple, en ce qui concerne Heisenberg, le passage de *Philosophie* au sujet de la querelle concernant la prétendue « hostilité de l'esprit à la vie » (« *Lebensfeindlichkeit des Geistes* ») : « La vie prise toute seule est engourdie et c'est seulement la force de créer et de comprendre des symboles qui nous transforme d'êtres vivants en hommes » (*Philosophie, op. cit.* note 7, p. 351). À la fin des années 1920, on ne trouve à vrai dire aucune référence à la *Lebensphilosophie* dans les articles ou les correspondances de Bohr, Heisenberg ou Pauli ; seule une lettre de H. Høffding à E. Meyerson signale en 1925 ce courant, en marquant la nécessité de s'y opposer : « ... la *Lebensphilosophie*, comme disent les Allemands d'aujourd'hui, qui présente des dangers très sérieux pour le développement des idées claires et saines et qui est en

un irrationalisme, ni à la revendication d'une acausalité de principe — et, d'autre part, au fait que l'apparition d'un mode de penser statistique en physique est très antérieure à la mode de la *Lebensphilosophie* et à la crise engendrée par la défaite allemande. Enfin, une ambiguïté considérable est attachée ici au terme même de « causalité », dont il faudrait distinguer au moins trois significations distinctes : celle du déterminisme mathématique de la physique classique, en effet abandonné (ou plutôt limité) en 1927 ; celle d'un concept général de la théorie de la connaissance lié à la notion d'inférence valide dans un raisonnement, dont Bohr affirme le maintien comme une évidence dans un texte de 1931 où il s'étonne à juste titre de la confusion des débats ; et celle du concept physique de conservation de l'énergie et de l'impulsion, également maintenu en 1927[1]. Sans de telles distinctions, l'attribution d'un acausalisme irrationaliste aux fondateurs

grande partie un phénomène décoloré d'une certaine réaction religieuse qui elle-même ne sait pas ce qu'elle veut… » (lettre de H. Høffding à E. Meyerson du 10 février 1925, in *Correspondance entre H. Høffding et E. Meyerson*, F. Brandt *et al.* éd., Copenhague, Einar Munksgaard, 1939, p. 89). Høffding rejoint ici les critiques que H. Rickert adresse à la même époque à la *Lebensphilosophie* ; voir notamment H. Rickert, *Die Philosophie des Lebens. Darstellung und Kritik der philosophischen Modeströmungen unserer Zeit*, Tübingen, 1920. L'argument de P. Forman repose de fait sur la présupposition d'influences inconscientes, présupposition en effet strictement irréfutable.

1. Pour une analyse de l'emploi du terme de « causalité » chez Bohr, voir l'entrée « Causalité » du Glossaire de N. Bohr, *Physique atomique et connaissance humaine, op. cit.*, note 23. Le livre publié en exil par E. Cassirer, *Determinismus und Indeterminismus in der modernen Physik*, Götebørgs Høgskolas Arskrift, vol. 42, 1936 (traduction anglaise : *Determinism und Indeterminism in Modern Physics*, New Haven, Yale University Press, 1956) constitue le meilleur commentaire détaillé des positions de Bohr et de Heisenberg sur la question.

de la mécanique quantique relève du seul argument d'autorité.

On peut donc suggérer qu'il faut abandonner la solution consistant à ramener purement et simplement le contenu des écrits de Heisenberg — ou de Bohr — à l'influence de courants d'idées aussi vagues. Mais il faut aussi aller plus loin et pratiquer également une certaine suspension d'opinion à l'égard des jugements « psychologiques » usuels à propos de Heisenberg : dilettante, opportuniste, déterminé à user de ses quelques connaissances philosophiques en vue de stratégies de pouvoir, Heisenberg n'aurait philosophé que par survol et dans des buts précis extrinsèques à la philosophie elle-même. Là encore, tout se passe comme si le public d'aujourd'hui — généralisant à tout le XXe siècle la séparation drastique des cultures philosophique et scientifique qui s'est instaurée après 1945 — n'attendait d'un savant, en matière de philosophie, que des vues cavalières, des jugements à l'emporte-pièce ou du trompe-l'œil rhétorique. Or, bien qu'il soit sans doute facile de trouver des illustrations actuelles de cette situation, l'habitude prise d'en projeter les effets sur le début du XXe siècle constitue un anachronisme. Une telle habitude reflète sans doute aussi la difficulté qu'il y a aujourd'hui à penser la connaissance scientifique en termes philosophiques. S'agissant de Heisenberg, du déni de philosophie et du reproche de dilettantisme philosophique dont il est l'objet, l'enjeu déborde donc largement sa situation singulière.

En tout état de cause, l'on n'a taxé Heisenberg ou d'autres de « positivisme », d'« irrationalisme » ou de dilettantisme que dans la mesure où le contenu même des textes n'était que peu, ou pas, pris en compte. C'est, en règle générale, une telle non-lecture[1] qui a permis la diffusion des contresens les plus répandus au sujet des positions de Heisenberg : Heisenberg aurait voulu nier la réalité physique extérieure au nom de l'argument que « seul ce qui est mesurable est réel » ; il aurait privilégié constamment et exclusivement les mathématiques abstraites ; il aurait affirmé autocratiquement que la mécanique quantique était « la fin du chemin » (*end-of-the-road thesis*) ; il aurait prôné l'incompréhensibilité de la théorie comme une vertu, etc. Sur chacun de ces points, les textes de Heisenberg contiennent cependant des indications contraires répétées. Aussi est-il nécessaire d'adopter une *autre perspective*, qui prenne en considération le corpus réel des textes et qui repose dans cette mesure sur un « travail philologique », comme le demandait déjà E. Scheibe en 1973 à propos de Bohr[2]. Bien que ce travail déborde largement les limites des remarques de cette introduction, on peut en fixer des points de repère provisoires en suggérant une interprétation du rapport de Heisenberg à la philosophie qui fasse l'économie aussi bien de la thèse de l'influence idéologique que du reproche de dilettantisme.

1. Cette non-lecture a pris une forme extrême dans le cas de Bohr : le conseil explicitement donné pendant des décennies aux jeunes physiciens a été de *ne pas lire Bohr*, parce qu'il était beaucoup trop obscur. Ce conseil allait néanmoins de pair avec l'affirmation selon laquelle l'interprétation initialement proposée par Bohr était la seule légitime.

2. E. Scheibe, *The Logical Analysis of Quantum Mechanics*, Oxford et New York, Pergamon Press, 1973, Chap. 1.

Les références de Heisenberg

Pour comprendre le rôle que joue chez Heisenberg le recours à la philosophie, il faut en premier lieu déterminer avec quelles œuvres et quels auteurs il réfléchit. La première chose à faire est donc de mettre en évidence les références explicites que l'on trouve dans ses différents écrits.

Ces références ne sont pas toutes des références philosophiques. D'une part, Heisenberg situe ses idées toujours, voire avant tout, par rapport à celles d'autres physiciens : Bohr, qu'il suit ; Pauli, avec qui il réfléchit parfois jour par jour ; Einstein, qu'il défend tout en s'y opposant ; Schrödinger ou Jordan, avec qui il est en désaccord profond. D'autre part, la lecture des écrits non strictement physiques de Heisenberg fait apparaître, outre les références à la philosophie, la présence de trois autres grands domaines : l'histoire des religions, la littérature allemande et la musique. Formé dans le protestantisme, Heisenberg n'est pas chrétien et il estime que le christianisme est aujourd'hui vide de tout sens, à l'exception de certaines de ses prescriptions éthiques ; mais il estime également que notre culture nous est inintelligible sans la connaissance de l'histoire des religions[1]. La référence à la littérature

1. Voir par exemple plus loin les déclarations du troisième article de ce recueil : « Dans chaque domaine de la vie moderne, dès que nous allons au fond des choses d'un point de vue soit systématique, soit historique, soit philosophique, toujours nous rencontrons ces structures spirituelles qui ont pris naissance dans l'Antiquité et dans le Christianisme » (p. 172). C'est dans *Philosophie, op. cit.*, note 7, que l'on trouve les positions les plus nettes de Heisenberg au sujet de la religion.

allemande — Goethe et Hölderlin, Stefan George et Gottfried Keller — et à l'expérience de la musique — Heisenberg est un pianiste remarquable et pense la musique aussi en mathématicien — forment par ailleurs le cadre de pensée dans lequel Heisenberg réfléchit. Science, histoire des religions (et plus généralement des civilisations), littérature allemande, musique : on peut remarquer que ce mélange est parfaitement classique pour un savant allemand du début du XXe siècle et qu'il résume la « formation humaniste » (*humanistische Bildung*) délivrée au Gymnasium. Heisenberg est un produit typique de cette formation. Entre 1911 — date à laquelle il vient habiter à Munich, à la suite de la nomination en 1909 de son père, August Heisenberg, à l'unique chaire allemande de philologie grecque et byzantine — et son entrée à l'université en 1920, Heisenberg fait ses études au Maximilians-Gymnasium, dont le directeur est son grand-père, spécialiste des sophistes et de Sophocle, et il y apprend avant tout le latin et le grec, les mathématiques et la littérature allemande, l'histoire et l'histoire des religions[1]. Il n'est donc pas étonnant de le voir ensuite

1. Pour une analyse précise de l'enseignement reçu par Heisenberg, voir la remarquable biographie de D. Cassidy, *Uncertainty. op. cit.*, note 5, notamment Chap. 3 et Appendice B. À l'issue de ses études, Heisenberg savait très peu de physique, mais il lisait couramment Horace et Tacite, Homère, Sophocle et Platon, et il connaissait beaucoup de mathématiques — en partie apprises seul. L'intérêt de Heisenberg pour la théorie des nombres en mathématiques semble ainsi avoir commencé avec la lecture du *De unitatibus complexis* de Leopold Kronecker, que son père lui avait apporté afin qu'il fasse des progrès en latin ; voir le récit de Heisenberg dans « Die Bedeutung des Schönen in der exakten Naturwissenschaft », *Ensemble* 2 (1971), Munich, R. Oldenbourg, p. 228-243 ; et Stuttgart, Belser-Press, 1971 (avec une traduction anglaise en parallèle et des lithographies de Max Ernst).

réfuter au nom du *Timée* de Platon l'imagerie grossière de son manuel de physique[1], et citer Goethe à l'occasion des difficultés de la construction de la théorie quantique ou Burckhardt au moment de la montée du nazisme.

Qu'en est-il de la philosophie proprement dite ? S'agissant de la philosophie, les écrits de Heisenberg s'appuient sur deux références majeures.

La première est une référence au *développement de la philosophie moderne*, ou plus exactement de la réflexion philosophique qui commence, pour Heisenberg, avec les « Temps Modernes » (*Neuzeit*[2]). De manière parfaitement canonique, Heisenberg fait commencer la philosophie moderne avec Descartes — les Temps Modernes étant eux-mêmes inaugurés par les trois événements invisiblement associés que sont la découverte de Colomb, le débat entre Luther et Zwingli et la formulation de la doctrine de Copernic[3]. Le cartésianisme, de même que tous les grands systèmes philosophiques du XVIIe siècle, est pour Heisenberg l'aboutissement philosophique de la transformation intervenue avec la nouvelle science de la nature, celle de Kepler et de Galilée[4], et il se caracté-

1. Voir plus loin (p. 179-182) ; et de même *La partie et le tout, op. cit.*, note 6, p. 20 sq.

2. Les analyses de Heisenberg sur ce point sont dispersées dans un grand nombre de publications, mais on peut se reporter au Chap. 5 de *Physique et philosophie*, qui en présente une version synthétique et condensée.

3. Voir par exemple Heisenberg, *Philosophie, op. cit.*, note 7, p. 250.

4. Sur la manière dont Heisenberg présente Kepler et Galilée, voir plus loin les *Sources historiques*. Il faut rappeler que tout commentaire sur Kepler, Copernic et Galilée (figure emblématique d'Einstein persécuté) avait été, pendant les douze années du nazisme, fondamentalement

rise par le fait que son point de départ est désormais trouvé dans une connaissance de l'entendement et non plus dans une problématique de la substance ou du principe. Mais le cartésianisme inaugure aussi une période dominée par le « partage » entre *res cogitans* et *res extensa* (*Cartesianische Teilung*), partage dont Heisenberg fait souvent la cible principale de sa critique[1] parce qu'il y voit l'origine du concept moderne d'objectivité (fondé sur la mise entre parenthèses de l'incidence des conditions d'observation sur le phénomène qui se manifeste) et d'un « réalisme métaphysique » qui a rigidifié l'image de la science au cours des XVIIIe et XIXe siècles. La réussite représentée par la mécanique newtonienne va ainsi de pair, aux yeux de Heisenberg, avec l'illusion qu'il est possible de décrire le monde sans parler « de Dieu ou de nous-mêmes », selon l'expression de *Physique et philosophie*. Il suscite par là même un ensemble de difficultés philosophiques dont Heisenberg suit la formulation chez Berkeley et Hume, et jusque dans le positivisme logique. Dans cet exposé du développement de la philosophie moderne, Kant intervient naturellement comme le second moment essentiel après le moment cartésien, et Heisenberg fait

---

orienté par les débats au sujet de la « science allemande » ; dans ces débats, Heisenberg soutient une thèse internationaliste et la nécessité de la physique théorique. On trouve encore des échos de ces combats idéologiques chez A. Koyré, dans une longue note de *La révolution astronomique* où il entreprend de montrer que Copernic n'est pas un « savant allemand ».

1. Voir par exemple Heisenberg, *Physique et philosophie, op. cit.*, note 2, chap. 5, p. 87 : « L'influence du partage cartésien sur la pensée humaine dans les siècles suivants ne saurait guère être surestimée, mais c'est justement ce partage qu'il nous a fallu critiquer plus tard en partant du développement de la physique à notre époque. »

à l'occasion une analyse précise des différents éléments de la théorie kantienne de la connaissance. Mais là encore le kantisme, centré sur la question de la possibilité des jugements synthétiques *a priori* et vu, très classiquement, comme l'aboutissement de la physique classique newtonienne, apparaît en même temps comme la source de rigidités dont la physique relativiste et quantique devront se libérer[1]. Il est donc évident que, pour Heisenberg, la philosophie moderne, parce qu'elle est liée dès son origine à la forme galiléenne-newtonienne de la science de la nature, trouve son achèvement avec la modification fondamentale que subit cette forme au début du XXe siècle.

La seconde référence constante, massive, à la philosophie que l'on trouve dans l'œuvre de Heisenberg est la référence à la *philosophie grecque*. Dans l'article de 1949 qui forme le troisième texte du recueil de 1955, Heisenberg va jusqu'à faire de la philosophie grecque une condition pour la compréhension de la physique atomique : dès 1919 [date de sa lecture du *Timée* sur un toit de Munich en révolution], « la conviction se fit jour en moi qu'il n'était guère possible de s'occuper de physique atomique moderne sans connaître la philoso-

1. La lecture de Heisenberg est précise et sa critique s'adresse à la théorie kantienne des formes de l'intuition (espace et temps) et à la formulation du principe de causalité ; voir *Physique et philosophie, op. cit.*, note 2, chap. 5 et *Philosophie, op. cit.*, note 7, p. 356. De même que Bohr, Heisenberg propose de « limiter » Kant, en en faisant un philosophe « régional » et en interprétant l'*a priori* kantien comme un postulat pratique. Heisenberg soutient déjà cette position dans son article de 1935, « Wandlungen der Grundlagen der exakten Naturwissenschaft in jüngster Zeit », *Die Naturwissenschaften* 22 (1935), p. 669-675.

phie grecque de la nature[1] ». Mais si le motif immédiat de la reconnaissance que Heisenberg éprouve à l'égard de Platon est qu'il trouve dans le *Timée* un argument pour disqualifier les crochets et les œillets dont les atomes étaient gratifiés dans son manuel de physique, la référence à la philosophie grecque prend progressivement une très grande ampleur dans les écrits « généraux » de Heisenberg. Pour trois raisons[2]. La première est que la philosophie grecque représente la découverte d'une certaine conception de l'intelligibilité à laquelle Heisenberg veut revenir : une intelligibilité non technologique, mais spéculative, la recherche d'une compréhension (*Verstehen*) des principes et, plus spécifiquement, la recherche d'une compréhension de la variété *qualitative* du monde — celle-là même que la physique quantique éclaire d'un jour entièrement nouveau. Ensuite, seconde raison, la référence à la philosophie grecque fournit à Heisenberg un fil conducteur pour s'orienter dans l'histoire de la physique : dans la perspective de la distinction platonicienne originaire entre *epistémè* et *dianoia*, le développement de la physique lui apparaît en effet comme marqué par une prééminence croissante de la *dianoia, via* la reconnaissance de l'impossibilité de toute ontologie naturaliste et de la puissance de l'abstraction mathématique. De ce point de vue, le débat fondamental reste celui de Démocrite et de Platon, c'est-à-dire celui d'une opposition entre l'hypothèse d'entités indi-

1. Voir plus loin (p. 181).

2. Pour plus de détails, voir C. Chevalley, « La physique quantique et les Grecs. Deux exemples et un problème », in *Nos Grecs et leurs modernes. Les stratégies contemporaines d'appropriation de l'Antiquité*, B. Cassin éd., Paris, Le Seuil, 1992, p. 151-187.

visibles atomiques et l'hypothèse de la primauté des structures mathématiques et Heisenberg n'hésite pas à écrire que Dirac scelle sous ce rapport la défaite de Démocrite. Troisième raison, enfin, du rôle joué par la référence grecque : tout se passe comme si la philosophie platonicienne et aristotélicienne devait son rôle, chez Heisenberg, au fait qu'elle est *à l'extérieur* de la philosophie moderne — ce qui veut dire avant tout : vierge du dualisme du partage cartésien. D'où une puissance polémique automatique, pourrait-on dire, puisqu'il suffit de se référer à Platon ou Aristote pour exhiber un mode de pensée radicalement différent de celui dont la physique classique et son ultime représentant, Einstein, ne parviennent pas à se libérer. C'est pour cette même raison que Pauli travaillera sur la Renaissance, ou que Schrödinger se réfère aux Grecs et à l'Inde. Comprendre la physique quantique implique, pour la majorité de ses fondateurs, que l'on se déprenne d'une manière de penser, et non pas seulement d'un formalisme.

Qu'il s'agisse de philosophie moderne ou de philosophie grecque, les références de Heisenberg sont donc à la fois extrêmement classiques — enracinées dans la culture humaniste acquise au Gymnasium — et parfaitement en phase avec les débats philosophiques de l'époque — ceux, par exemple, qui opposent, à la fin des années 1930, E. Husserl, M. Heidegger, E. Cassirer, A. Kojève, tout en les unissant dans la même préoccupation de la fin de la modernité. La réflexion philosophique de Heisenberg ne prend son sens que située dans ce contexte. Mais constater cet état de choses ne résout pas pour autant la question de savoir si la pensée de Heisenberg possède un contenu précis et cohérent, ou bien si elle n'est qu'un simple ornement destiné à embellir la nouvelle théorie quantique.

La nécessité de la philosophie : la crise des concepts fondamentaux et l'analyse de Bohr

Une conception ornementale de la philosophie est une conception qui en fait un argument de vente pour un produit nouveau et déconcertant, ou bien un déguisement pour faire passer une marchandise trafiquée, ou bien encore un certificat de virginité à l'égard de toute ambition de pouvoir. C'est d'une telle conception que certains historiens des sciences créditent (si l'on peut dire) souvent aujourd'hui les écrits de Heisenberg. Heisenberg tombe sous ce soupçon davantage que les autres fondateurs de la physique quantique, car Bohr est considéré, affectueusement ou ironiquement selon les cas, comme irrémédiablement prisonnier des brumes conceptuelles du Nord, Pauli est ignoré malgré l'importance essentielle de ses idées épistémologiques, Born de même, Dirac s'est abstenu de philosopher, et Schrödinger, Einstein ou de Broglie sont lavés de tout soupçon mercantile par la simple circonstance que leurs idées ne se sont pas imposées. Heisenberg, en revanche, a été non seulement le principal propagateur de l'« esprit de Copenhague », mais aussi l'un des scientifiques les plus influents après la fin de la Seconde Guerre mondiale, du fait de son exceptionnelle longévité scientifique et de son activité politique dans l'organisation internationale de la recherche. Sa personnalité continue à susciter les jugements les plus divers, et rend perplexes jusqu'à ses meilleurs commentateurs [1]. Sa philosophie est donc jugée à l'aune de ces perplexités. Changer de point de vue suppose alors, comme on l'a dit au début, que l'on pratique une suspension du jugement à l'égard de cette image générale et que l'on examine plus en détail *l'évolution* qui conduit Heisenberg à affirmer la nécessité de la philosophie.

À l'appui de l'opinion selon laquelle Heisenberg aurait été profondément, intrinsèquement, viscéralement non philosophe — *unphilosophisch* —, les commentateurs citent parfois le jugement formulé par Wolfgang Pauli dans une lettre de juillet 1925 adressée à Heinrich Kramers, où Pauli écrit ceci : « J'ai également appris avec joie qu'à Copenhague, *auprès de Bohr, Heisenberg a un peu appris à penser philosophiquement* et qu'il s'est visiblement détourné du purement formel. Je lui souhaite donc de tout mon cœur de réussir dans ses tentatives ! J'ai ainsi, maintenant, un peu moins l'impression d'être tout seul qu'il y a environ six mois, quand je me suis retrouvé à naviguer solitairement (tant spatialement que spirituellement) entre le Scylla de l'École de Munich avec

1. D. Cassidy et C. Carson reconnaissent tous les deux la difficulté d'interpréter les comportements de Heisenberg ; voir resp. *Uncertainty, op. cit.*, note 5, p. x, et « Particle physics and cultural politics », *op. cit.*, note 12, p. 11. Mais peut-être n'a-t-on pas assez remarqué l'influence du protestantisme dans lequel Heisenberg a été élevé. Le protestantisme produit classiquement un mélange déconcertant de réserve absolue, de témérité intellectuelle, de distance à l'égard des valeurs morales et sociales établies, de volonté d'être efficace dans l'action, de rigorisme personnel et de dédain pour les justifications. Un tel tableau clinique semble pouvoir rendre compte de tous les aspects de la vie de Heisenberg, y compris des plus controversés.

sa mystique des nombres et le Charybde du Putsch réactionnaire de Copenhague, pour lequel vous faisiez de la propagande avec l'excès des zélotes. À présent, j'espère simplement de vous que vous n'allez pas différer plus longtemps le processus de convalescence de la physique de Copenhague, qui ne peut manquer d'avoir lieu grâce au solide sens de la réalité de Bohr[1]. » Par ailleurs, l'idée que Heisenberg ait eu, pour le moins, une « philosophie » hésitante semble accréditée par ses propres déclarations, quelques mois plus tard, dans une lettre à Pauli : « Malheureusement, ma propre philosophie privée est bien loin d'être aussi claire [que la tienne], elle est plutôt un pot pourri (*Durcheinander*) de toutes les règles morales et esthétiques possibles, au milieu duquel moi-même je ne trouve pas souvent mon chemin[2]. »

De quoi s'agit-il, cependant ? La lettre de Heisenberg est contemporaine de la formulation de la mécanique matricielle, moment décisif — et obscur — de la rupture avec le mode de pensée classique. Quant à la lettre de Pauli, elle est écrite au plus fort de la crise de l'« ancienne théorie quantique », c'est-à-dire de la théorie élaborée par Bohr et Arnold Sommerfeld (dit l'« atomysticien de Munich ») afin de rendre compte

1. Lettre de W. Pauli à H. Kramers du 27 juillet 1925, in N. Bohr, *Collected Works/Gesammelte Werke*, L. Rosenfeld *et al.* éd., Amsterdam, North-Holland ; New York, Elsevier, vol. 5, 1984, p. 439 ; ou W. Pauli, *Wissenschaftlicher Briefwechsel*, K. von Meyenn *et al.* éd., New York, Springer, vol. I : *1919-29* (1979) ; vol. II : *1930-1939* (1985) ; vol. III : *1940-1949* (1993) ; ici : vol. I, [p. 97], p. 232 (souligné par moi).

2. Lettre de W. Heisenberg à W. Pauli du 24 novembre 1925, in W. Pauli, *Wissenschaftlicher Briefwechsel, op. cit.*, vol. I, [p. 108], p. 262.

du mouvement des électrons dans les atomes. À ce point de la crise, qui précède la rédaction par Heisenberg de l'article de juillet 1925 sur la réinterprétation des relations cinématiques et dynamiques ouvrant la voie à la mécanique matricielle[1], Bohr, sous la pression déjà ancienne de Pauli, prend la décision de procéder à une critique drastique des images de la physique classique — notamment des représentations ondulatoires et corpusculaires —, de supprimer les « images intuitives » au profit des « analogies symboliques[2] » et de poser la question de savoir « dans quelle mesure les images spatio-temporelles par lesquelles on a tenté jusqu'à présent de décrire les phénomènes naturels **sont** applicables aux processus atomiques[3] ». La rupture opérée ainsi avec les repré-

1. W. Heisenberg, « Über quantentheoretische Umdeutung kinematischer und mechanischer Beziehungen », *Zeitschrift für Physik* 33 (1925), p. 879-893. Dans cet article, Heisenberg abandonne les concepts de position et de période de révolution pour l'électron et restreint l'étude aux fréquences et aux amplitudes de rayonnement. Sur le contexte de 1924-1925, voir l'exposé technique de O. Darrigol, *From c-numbers to q-numbers, op. cit.*, note 23 ; sur les débats épistémologiques, voir N. Bohr, *Physique atomique et connaissance humaine, op. cit.*, note 23, p. 39-58, Introduction, ainsi que l'entrée « Images » du Glossaire, in *ibid.*, p. 466-480.

2. Sur la signification de ce passage aux analogies symboliques, voir N. Bohr, *Physique atomique et connaissance humaine, op. cit.*, note 23, entrées « Analogie » et « Image » du Glossaire, ainsi que C. Chevalley, « Niels Bohr's words and the Atlantis of Kantianism », in *Niels Bohr and Contemporary Philosophy*, J. Faye et H. Folse (éds.), Dordrecht, Kluwer, 1993, p. 33-57 ; et O. Darrigol, « Classical concepts in Bohr's atomic theory (1913-1925) », *Phûsis* (1997), vol. XXIV, Fasc. 3, p. 545-567.

3. N. Bohr, *Addentum* de juillet 1925 à son article sur le comportement des atomes dans les collisions : « Über die Wirkung von Atomen bei Stössen », *Zeitschrift für Physik* 34 (1925), p. 142-157 ; rééd. in N. Bohr, *Collected Works, op. cit.*, note 40, vol. 5, p. 175-206. Cet

sentations classiques des phénomènes implique, ajoute Bohr, « une révolution radicale dans les concepts sur lesquels la description de la nature a été fondée jusqu'à présent[1] ». La nature de cette révolution radicale — l'abandon des concepts fondamentaux de la cinématique et de la mécanique classiques — se clarifie progressivement au cours de l'été de 1925 : dans la même lettre à Kramers citée plus haut, Pauli note que « ce n'est pas le concept d'énergie qu'il faut modifier, mais plutôt les concepts de mouvement et de force » et qu'il accueille avec « une jubilation spéciale les audacieuses ébauches de Heisenberg » dans ce sens — ébauches qui aboutissent donc, entre juillet et novembre 1925, à la formulation par Heisenberg, M. Born et P. Jordan, d'une « mécanique quantique non directement réductible à une interpré-

Addendum tire les conséquences de l'infirmation, par les expériences de W. Bothe et H. Geiger, de la théorie quantique du rayonnement proposée par Bohr, H. Kramers et J. C. Slater en 1924, qui avançait l'hypothèse d'un « champ virtuel de rayonnement » et d'une conservation seulement statistique de l'énergie et de l'impulsion. C'est cette théorie dite « BKS » à laquelle Pauli fait référence quand il emploie l'expression de « Putsch de Copenhague ». Outre son rôle catalyseur dans le développement de la théorie quantique pendant cette période, la théorie BKS, en dépit de sa courte durée de vie et de son caractère erroné, sera toujours décrite par Heisenberg comme ayant eu une importance conceptuelle essentielle, au sens où elle donnait aux ondes « cette étrange espèce de réalité [...] au milieu entre une réalité effective (*Wirklichkeit*) et quelque chose qui serait seulement mathématique ; elles avaient une position intermédiaire, elles étaient une réalité physique au sens où elles produisaient des probabilités d'absorption et d'émission et en même temps elles n'étaient pas complètement réelles, comme le sont les ondes électromagnétiques » (Interview de W. Heisenberg avec T.S. Kuhn du 19 février 1963, in *Archives for the History of Quantum Physics*, New York, American Institute of Physics).

1. N. Bohr, *ibid.*

tation géométrique intuitive[1] », la mécanique matricielle.

Lorsque Pauli écrit à Kramers qu'auprès de Bohr « Heisenberg a un peu appris à penser philosophiquement et qu'il s'est détourné du purement formel », il veut donc dire que Heisenberg s'est résolu à penser en termes de concepts fondamentaux, suivant ainsi la voie empruntée par Bohr tout au long de la période précédente : celle d'une réflexion systématique sur les limites de validité des concepts des théories classiques dans le domaine de la physique atomique. On ne peut rien comprendre de l'investissement philosophique majeur dont témoigne la suite des écrits de Heisenberg sans conserver en mémoire le tournant de 1925 : c'est parce qu'il devient manifeste, en 1925, que l'armature conceptuelle physique, mathématique *et philosophique* des théories classiques ne peut tout simplement plus être maintenue lorsqu'il s'agit du mouvement des électrons que Heisenberg, de même que Bohr et Pauli, consacrera tant d'énergie à clarifier les fondements philosophiques — et non pas seulement physiques et mathématiques — de la théorie quantique. Il faut noter que la prise de conscience de cet état de choses est, à cette époque, d'autant plus vive que l'histoire de l'ancienne théorie quantique avait été *a contrario* l'histoire des multiples tentatives pour *conserver* autant que possible le contenu des théories classiques : Bohr se décrivait toujours comme un physicien « réactionnaire », et Heisenberg notera

1. W. Heisenberg, M. Born et P. Jordan, « Zur Quantenmechanik II », *Zeitschrift für Physik* 35 (1929) p. 557-615, ici : p. 557. Le terme de « intuitif » traduit l'allemand *anschaulich*, toujours employé au sens kantien de « représentation dans l'espace et le temps ».

de manière répétée qu'une « révolution » en science se fait en essayant à chaque pas de changer le moins de choses possible. L'investissement philosophique des fondateurs de la théorie quantique est à l'opposé d'un *craving for crisis*. Il est plutôt la conséquence logique de la reconnaissance qu'il faut une « modification des structures internes de pensée[1] ».

C'est entre 1927 et 1929 que Bohr propose les principales orientations philosophiques qui lui semblent devoir être prises, non pas tant pour « interpréter » la mécanique quantique — le terme d'interprétation n'est pas employé à ce moment et n'apparaît, comme on le verra plus loin, que dans les débats de l'après-guerre —, que pour la comprendre (*Verstehen*). Comment Bohr définit-il ces orientations philosophiques, qui par la suite serviront de référence constante à la réflexion ultérieure de Heisenberg et de Pauli ? On peut distinguer trois groupes d'énoncés, dont la simplicité apparente est en réalité le résultat des quinze années de difficultés antérieures.

Le *premier groupe d'énoncés* concerne la description de la situation qui se présente en mécanique quan-

1. Expression canonique chez Bohr ; Heisenberg parle en général de nouvelle « possibilité de pensée » (*Denkmöglichkeit*). Bohr liait cette modification à une méthodologie « perspectiviste » peu classique fondée sur une distance prise à l'égard de toute univocité des concepts et sur une stratégie d'aggravation des contradictions ; voir par exemple ses propos cités par Heisenberg dans *La partie et le tout*, *op. cit.*, note 6, p. 285 : « Ce n'est qu'en utilisant des concepts sans cesse différents pour parler des relations étranges entre les lois formelles de la théorie quantique et les phénomènes observés, en éclairant successivement tous les aspects de ces relations, en mettant en évidence leurs contradictions internes apparentes, que l'on peut réaliser une *modification des structures internes de pensée, modification qui est la condition d'une compréhension de la théorie quantique.* »

tique et il est ordonné autour de la formulation d'un «postulat quantique» unique : «tout processus atomique possède un caractère de discontinuité, ou plutôt d'individualité, complètement étranger aux théories classiques et caractérisé par le quantum d'action de Planck[1]». Bohr souligne que ce postulat entraîne une modification fondamentale des conditions de l'observation, en ce sens que l'acte même d'observer s'accompagne d'une interaction finie et incontrôlable du système observé avec l'instrument d'observation ; cette insistance sur la nature de l'acte d'observation est ce qui fonde pour Bohr la spécificité de la théorie quantique, mais aussi l'idée qu'il existe des échelles de phénomènes et des régions d'expérience qui se différencient selon le genre de perception que nous en avons.

Un *deuxième groupe d'énoncés* consiste ensuite à dériver de cette situation un certain nombre de problèmes *erkenntnistheoretisch*, c'est-à-dire de problèmes de théorie de la connaissance[2], notamment trois :

1. N. Bohr, «The quantum postulate and the recent development of atomic theory», in *Atti del Congresso Internazionale dei Fisici, Como, 1927*, Bologne, N. Zanichelli, 1928. Il s'agit de l'article sur la «complémentarité», considéré comme l'article fondateur de la position commune à Bohr, Heisenberg, Pauli, Born, Jordan et Dirac au moment du Ve Congrès Solvay. Il existe de ce texte trois versions anglaises, deux versions allemandes et une version danoise, dont les différences représentent les états successifs de la réflexion de Bohr. Des deux traductions françaises de 1928 et 1932, il vaut mieux utiliser la seconde, due à L. Rosenfeld et fondée sur le texte danois de 1929 : «Le postulat quantique et le dernier développement de la théorie atomique», in N. Bohr, *La théorie atomique et la description des phénomènes*, Paris, Gauthier-Villars, 1932.

2. L'adjectif *erkenntnistheoretisch* est d'un emploi systématique chez les fondateurs de la physique quantique et désigne une certaine

1. la physique quantique oblige à renoncer à l'idée d'une description des phénomènes qui serait « simultanément spatio-temporelle et causale », ce qui transforme la définition de l'*objectivation* ;

2. du fait qu'elle limite le domaine d'applicabilité des concepts classiques tout en continuant à les utiliser dans la lecture des résultats d'expériences, la physique quantique pose le problème de l'« *univocité des concepts* » et donc, au-delà, de l'univocité du *langage ordinaire* auquel le langage des théories classiques est étroitement lié ;

3. en montrant qu'il faut nécessairement introduire la spécification des conditions d'observation dans la définition même d'un phénomène atomique, la physique quantique ruine la présupposition tacite selon laquelle la connaissance se déploierait sur le fond d'*une division fixe et stable entre sujet et objet*. En d'autres termes, ce que la physique quantique requiert, ou suppose, de la philosophie est une nouvelle théorie de l'objet, une nouvelle conception du langage, une nouvelle caractérisation du sujet.

Un *troisième groupe d'énoncés*, enfin, concerne les conséquences de ces transformations. En 1929, dans un article qu'il qualifie de « purement philosophique » et qui est le prolongement et le corrélat de l'article de 1927-1928 sur la complémentarité, Bohr parle d'un

manière de poser les questions philosophiques en rapport avec la théorie de la connaissance héritée du kantisme, mais non nécessairement kantienne pour autant. Sur le développement de l'*Erkenntnistheorie* dans la philosophie allemande du XIXe siècle, voir K. C. Köhnke, *Entstehung und Aufstieg des Neukantianismus. Die deutsche Universitätsphilosophie zwischen Idealismus und Positivismus*, Francfort, Suhrkamp, 1986.

ébranlement « des fondements de l'édifice conceptuel qui forme l'armature de la représentation classique de la physique, et même de tout notre mode habituel de pensée », ébranlement si profond que « même des mots comme *être* et *savoir* n'ont plus un sens univoque[1] ». Du point de vue de la physique, ce qui apparaît est « un aspect nouveau du problème de l'objectivité des phénomènes » : détermination spatio-temporelle et principe de causalité (au sens de principe de conservation de l'énergie et de l'impulsion) ne peuvent plus être réunis dans une même description homogène, la description acquiert un caractère intrinsèquement statistique (qui n'est plus seulement une causalité affaiblie par les circonstances, trop de molécules à compter, etc.) et il existe une « loi quantique générale » qui sert de repère pour le passage du classique au quantique (les relations d'indétermination de Heisenberg[2]). Ce que livrent les phénomènes n'est

1. N. Bohr, « Wirkungsquantum und Naturbeschreibung », *Die Naturwissenschaften* 17 (1929), p. 483-486. Traduction française : « Le quantum d'action et la description des phénomènes », in N. Bohr, *La théorie atomique et la description des phénomènes, op. cit.*, note 48, p. 95. Quoique les deux textes aient eu une destinée asymétrique — alors que le premier est extrêmement célèbre, le second n'a jamais été pris sérieusement en considération dans la littérature —, Bohr accordait autant d'importance à cet article de 1929 qu'à celui de 1928 sur la complémentarité. Signalons qu'il existe, là encore, deux versions de l'article de 1929 : d'une part le texte allemand publié dans *Die Naturwissenschaften*, et d'autre part le long commentaire, qui est presque une réécriture, que Bohr en propose dans l'introduction du recueil danois de 1929, *Atomteori og Naturbeskrivelse*.

2. N. Bohr, *ibid.*, in *La théorie atomique et la description des phénomènes, op. cit.*, note 47, p. 90 : « Le produit des erreurs moyennes avec lesquelles on peut mesurer simultanément deux grandeurs mécaniques canoniquement conjuguées ne peut jamais être inférieur au quantum d'action. »

donc plus assimilable de manière quelconque à une essence de l'objet, mais représente un ensemble de régularités statistiques qui caractérisent notre interaction avec la « nature » (que Bohr redéfinira plus tard comme « la nature-dont-nous-faisons-partie-nous-mêmes ») dans des circonstances spécifiques dépendant du procédé d'observation utilisé. À cette modification du mode de pensée en physique correspondent par ailleurs des effets philosophiques plus généraux. Ceux que Bohr décrit en 1929 concernent à la fois la « situation générale de la connaissance » et l'analogie entre physique et psychologie. S'agissant d'abord de la connaissance, Bohr remarque que l'impossibilité d'établir une « séparation définitive entre sujet et objet » entraîne que « tous les concepts, ou plutôt tous les mots, n'ont qu'un sens relatif, dépendant du choix arbitraire de notre point de vue[1] » : le sens des mots leur vient, non pas des choses, mais du point de vue que nous choisissons, et ce point de vue est lui-même « arbitraire » (il n'y a pas de point de vue universel). S'agissant ensuite de la physique et de la psychologie, que Bohr crédite d'une antériorité dans la compréhension de la situation[2], l'article de 1929 annule le privilège traditionnellement accordé aux sciences exactes

1. N. Bohr, *ibid.*, in *La théorie atomique et la description des phénomènes, op. cit.*, note 47, p. 91.

2. N. Bohr, *ibid.* : « Ce sont surtout les problèmes psychologiques qui nous ont familiarisés avec cette nécessité de faire appel à un mode de description complémentaire. » Pour Bohr, la physique retrouve quelque chose qui était déjà connu par la psychologie. Toutefois il ne s'agit évidemment pas ici d'une psychologie scientiste, mais d'une psychologie non objectiviste, attentive notamment à la relativité des perceptions de l'espace, du temps, de mouvement, etc., et qui, par là même, met en évidence le rôle fondamental du corps.

de pouvoir soustraire les conditions de l'observation du résultat obtenu : « on considère ordinairement comme caractéristique des sciences exactes la recherche d'un mode de description univoque par l'élimination de tout ce qui concerne le sujet observateur », mais cette univocité de l'objectivité classique disparaît dès lors qu'il devient nécessaire en physique (relativité et physique quantique) de tenir compte du problème de l'observation. S'efface ainsi — sans que Bohr le dise explicitement — le mythe galiléen de la physique comme « lecture du livre de la nature ». À chaque région d'expérience et à chaque point de vue, correspond ici un langage, et cette multiplicité est irréductible à une conception de la connaissance qui donnerait à la science de la nature le monopole de la description du réel.

Que conclure ? Sinon que, auprès de Bohr, Heisenberg a sans doute appris à « philosopher » en deux sens distincts. Il apprend de Bohr, en premier lieu, une certaine manière de faire de la physique, par oscillation entre l'expérience et la réflexion sur les limites de validité des concepts fondamentaux. Comme il le dira à T.S. Kuhn en 1962, il avait eu l'impression, en rencontrant Bohr au début des années 1920, de se trouver « devant un vrai philosophe, qui essayait simplement de *se donner les concepts pour avoir les choses en main* [...]. C'est assez facile de parler des expériences ; ici vous voyez une raie spectrale, vous avez telle intensité ; mais le problème est de trouver les connexions, comment cette intensité est liée à cette raie, comment la relation de dispersion est liée à la position de la raie, etc. Je me suis vraiment aperçu pour la première fois de cette forme nouvelle de physique théorique au cours de cette première conversation avec Bohr[1] ». Mais cet apprentissage de l'exigence consistant à tenir toujours ensemble l'empirique et le conceptuel se poursuit ensuite pour Heisenberg, à partir de 1925, par l'emprunt à Bohr d'une conviction : celle de la nécessité d'une réflexion rigoureusement philosophique — et non plus seulement d'une *natural philosophy*, c'est-à-dire d'une philosophie de la physique, voire simplement d'une physique. Cette nécessité d'une réflexion philosophique est une nécessité en vue de, une nécessité finalisée par le désir de comprendre et de faire comprendre la physique quantique, par le désir, donc, de poursuivre la physique davantage que la philosophie en elle-même. Ni Bohr, ni Heisenberg ni Pauli n'ont jamais revendiqué une position professionnelle de philosophes. Mais il reste que la conviction qu'il faut faire « de la vraie philosophie[2] », enracinée dans l'idée qu'il faut créer un nouveau langage[3], les conduit à définir un projet qui n'est le décalque d'aucune tradition antérieure et qui cependant est situé dans une relation claire à cette tradition.

1. W. Heisenberg, Interview du 30 novembre 1962 (*Archives for the History of Quantum Physics* ; souligné par moi).

2. Voir la question de Pauli à Bohr, telle qu'elle est rapportée par Heisenberg dans son autobiographie : « Veux-tu dire par là que la physique ne se compose pas seulement d'expérimentation d'un côté et de formules mathématiques de l'autre, mais qu'à la jonction des deux il faut faire de la vraie philosophie ? » (*La partie et le tout, op. cit.*, note 6, p. 283).

3. Ainsi seulement s'explique l'obstination de Bohr à changer le sens et la définition d'un certain nombre de concepts philosophiques classiques — phénomène, objet, expérience, nature, etc.

La nécessité de la philosophie : comprendre l'achèvement de la philosophie des « Temps Modernes »

À première vue, pourtant, on pourrait être tenté de penser que la nécessité de la philosophie ainsi revendiquée s'est immédiatement diluée en une multiplicité d'interventions chaotiques, ponctuelles, dispersées, voire incohérentes.

Entre 1930 et sa mort en 1962, Bohr publie, sous des titres souvent sibyllins, une vingtaine d'articles « non techniques ». Cette vingtaine d'articles peut être divisée approximativement en quatre catégories de textes consacrés respectivement à l'histoire de la construction de la mécanique quantique, au débat avec Einstein et à l'éclaircissement de la notion de complémentarité, aux rapports entre physique et biologie, et à la question des relations entre art, culture, science, religions. À la lecture des écrits de Bohr, un tel classement apparaît sans doute superficiel, tant il est clair qu'en réalité Bohr aborde en chaque occasion l'ensemble des problèmes philosophiques qu'il associe à la compréhension de la mécanique quantique et ramène chaque fois la question de circonstance qui fournit le motif de l'article à une problématique plus fondamentale. Mais cette problématique elle-même, cependant, n'est jamais exposée systématiquement ; seuls la critique interne, le caractère répétitif de certaines formulations et l'extrême exactitude du style peuvent donc permettre d'en trouver les lignes directrices essentielles.

Une difficulté analogue se présente dans le cas de W. Pauli. Les vingt articles publiés en 1961, trois ans après la mort de Pauli, sous le titre de *Aufsätze und Vorträge über Physik und Erkenntnistheorie*[1], articles auxquels il faut adjoindre l'étude sur Kepler publiée en collaboration avec le psychanalyste C. G. Jung, peuvent sans doute être classés par thèmes. On obtiendrait ainsi encore plusieurs groupes de textes : celui des articles d'histoire conceptuelle consacrés à Bohr, Sommerfeld, Ehrenfest, Einstein ou Rydberg ; celui des articles épistémologiques consacrés à l'idée de la complémentarité, aux concepts de probabilité, de symétries, d'espace, de temps et de causalité, ou à la genèse de la théorie de la relativité, du principe d'exclusion, ou du concept de neutrino ; et celui des articles sur l'histoire de la philosophie, consacrés au rapport entre théorie et expérience, aux concepts de phénomène et de réalité physique, à la notion de science dans la pensée occidentale, ou à la conception keplérienne des théories scientifiques. Mais, de même que dans le cas de Bohr, un tel classement laisse dans l'ombre les lignes directrices essentielles et là encore, en l'absence d'un texte philosophique achevé, il faut procéder par critique interne[2].

Si l'on se tourne maintenant vers Heisenberg, la situation ne semble pas moins déconcertante et pré-

1. W. Pauli, *Aufsätze und Vorträge über Physik und Erkenntnistheorie*, Brunswick, Vieweg, 1961 ; rééd. en 1984 avec une introduction de K. von Meyenn ; traduction anglaise sous le titre de *Writings on Physics and Philosophy*, C. P. Enz et K. von Meyenn éd., Berlin, Springer, 1994. La traduction anglaise contient l'étude de Pauli sur Kepler.

2. Par ailleurs, de même que Bohr, Pauli publie peu et la source principale de l'évolution de ses idées est, comme pour Bohr, sa correspondance. Or cette correspondance, à l'exception de celle échangée avec C. G. Jung et avec M. Fierz, est encore en cours de publication : voir Wolfgang Pauli, *Wissenschaftlicher Briefwechsel, op. cit.*, note 40.

sente en outre l'obstacle supplémentaire d'une production prolifique, puisque la bibliographie complète de Heisenberg comporte plus de mille entrées dont la moitié sont des publications originales, elles-mêmes réparties en une centaine d'articles de physique et presque quatre cents articles « non techniques ». Que les textes de Heisenberg aient été souvent des *best-sellers* traduits dans toutes les langues n'est en aucune manière un indice du fait qu'ils aient été lus attentivement. De ce point de vue, il existe une déclaration exemplaire due aux rédacteurs des *Frankfurter Hefte* à l'occasion de la publication d'une conférence de Heisenberg donnée en 1950 : « Nous publions cette conférence bien que nous soyons convaincus que moins de cinq pour cent de nos lecteurs pourront la comprendre. Nous-mêmes ne l'avons pas comprise, n'étant pas des spécialistes de physique. Mais nous considérons ce manuscrit comme un classique, qui montre ce qui se passe dans notre monde aujourd'hui et ce dont notre destin peut dépendre[1]. » Même dans le cas favorable d'une lecture attentive, cependant, l'on aura tendance de nouveau à s'efforcer de classer les textes de Heisenberg par thèmes afin d'y trouver des repères. De nouveau, l'on fera ainsi apparaître plusieurs groupes d'articles : des articles sur le développement historique de la théorie quantique ; des articles d'épistémologie, consacrés notamment à la structure des théories physiques et aux concepts de probabilité et de symétrie ; des articles sur l'art,

1. Cité par D. Cassidy in *Werner Heisenberg : A bibliography of his Writings*, Berkeley, University of California, Office for the History of Science and Technology, 1984 (en collaboration avec M. Baker) ; ici : ii.

notamment la musique et la peinture, ainsi que sur les rapports entre art, science et religions ; des articles sur la situation de la mécanique quantique dans l'histoire de la philosophie. Mais là encore, toute ligne directrice semble donc absente, de sorte que l'engagement philosophique de Heisenberg peut apparaître comme n'ayant jamais été suscité que par des occasions particulières, dont le nombre s'expliquerait par le rôle culturel majeur joué par Heisenberg avant et surtout après la Seconde Guerre.

Pourtant, l'impression de kaléidoscope que donnent ainsi les interventions philosophiques des fondateurs de la mécanique quantique est dans une large mesure une illusion. Il est possible en effet de faire une hypothèse tout à fait différente, appuyée sur la constatation que l'article « purement philosophique » publié par Bohr en 1929 fixait une orientation générale pour un projet bien déterminé.

Comment caractériser ce projet ? Trois points étaient acquis pour Bohr en 1929, comme on l'a dit plus haut :

1. il était clair que la mécanique quantique mettait en œuvre une nouvelle forme d'*objectivité*, caractérisée par le renoncement à l'unité « classique » de la description spatio-temporelle et de la description causale des phénomènes, et par le caractère statistique qui en découlait ;

2. cette situation produisait une juxtaposition de deux *langages*, le langage des concepts dits ordinaires ou classiques et le langage du formalisme mathématique de la théorie quantique, juxtaposition qui renvoyait à une différence entre les « régions d'expérience » ;

3. le problème philosophique le plus général qui se posait était celui de comprendre ce que devenait l'idée

philosophique traditionnelle d'une « division fixe et définitive » *entre sujet et objet*. C'est à cause de ces trois points que, pour Bohr, la situation était « sans précédent » ; que, pour Pauli, elle n'avait été « anticipée par aucun système philosophique » ; ou encore que, selon un leitmotiv des écrits de Heisenberg, elle ouvrait « de nouvelles possibilités de pensée ». Pourquoi ? Parce que ce qui apparaissait ainsi était une rupture, non pas avec les théories physiques classiques — maintenues dans leurs domaines d'expérience respectifs —, mais avec les hypothèses philosophiques qui avaient été formulées au moment de la naissance de la physique mathématique au XVIIe siècle, et donc avec la *philosophie moderne*. La transformation de la notion de *description objective* avait en effet d'abord le sens d'une critique de la doctrine kantienne de l'objectivation des phénomènes, doctrine qui avait déjà été l'objet d'aménagements divers dans la réflexion épistémologique de H. von Helmholtz, de H. Hertz, d'E. Mach et d'autres, parallèlement à la critique de la philosophie mathématique de Kant menée par les mathématiciens allemands de la seconde moitié du XIXe siècle. Dès 1927, Heisenberg évoque en conséquence « la tâche très difficile de reprendre le problème fondamental de la théorie de la connaissance kantienne et, pour ainsi dire, de tout recommencer[1] ». Ensuite, la situation de *double langage* décrite par Bohr était de fait nouvelle, aussi bien eu égard à l'exclusion pure et simple de la question du langage dans la problématique kantienne de la

1. W. Heisenberg, « Erkenntnistheoretische Probleme der modernen Physik » (manuscrit reproduit in *GW* C-1, p. 28 sq.).

connaissance scientifique que par rapport à l'idée d'un langage universel hérité de la tradition leibnizienne : le langage des concepts perdait ici à la fois son univocité et son universalité, et devenait un outil d'exploration constitutif de l'objectivité dans chaque région d'expérience[1]. Enfin, le fait de considérer la *division sujet-objet* comme une hypothèse essentiellement problématique équivalait à rompre avec ce qui était identifié couramment comme la position caractéristique de la métaphysique moderne depuis Descartes, du *cogito* au sujet transcendantal et au-delà. L'orientation tracée dans l'article de 1929 conduisait par conséquent à concevoir un projet philosophique plus général, celui de comprendre et de clarifier l'achèvement de la philosophie moderne dont témoignait, entre autres développements de la pensée, la naissance de la mécanique quantique[2].

1. À propos de la conception que se fait Bohr du langage et de l'origine de cette conception chez W. von Humboldt, voir l'entrée « Langage » du Glossaire de N. Bohr, *Physique atomique et connaissance humaine, op. cit.*, note 23, ainsi que les remarques sur Heisenberg, Wittgenstein et Bohr dans l'Introduction de W. Heisenberg, *Philosophie, op. cit.*, note 7, p. 181-188.

2. La diversité des thèmes des articles publiés par Bohr, Pauli ou Heisenberg s'ordonne naturellement autour de ce projet. Les articles d'histoire conceptuelle de la théorie quantique visent à montrer que l'interprétation philosophique proposée est enracinée dans les problèmes physiques, et non pas purement extérieure et idéologique. Les articles consacrés à la complémentarité, au concept de probabilité ou à la structure des théories physiques visent de leur côté à montrer la nouveauté de la situation « du point de vue de la théorie de la connaissance », et notamment à montrer que Kant est un philosophe « régional ». Les articles sur la biologie, la psychologie, la psychanalyse, ou les rapports entre art, science et religion ont pour but, d'une part, d'explorer d'autres régions d'objectivité non classiques et, d'autre part, de ruiner l'opposition traditionnelle entre sciences de la nature et sciences de l'esprit, etc.

S'agissant de Heisenberg, peut-on soutenir que le fil directeur de ses différents écrits dits « généraux » soit la réalisation d'un tel projet philosophique ? À cette question il faut répondre oui, à mon sens, mais en distinguant deux périodes.

Dans une *première période* qui commence en 1926-1927 au moment de l'ultime phase de la construction de la mécanique quantique et qui se clôt avec la rédaction du manuscrit de 1942 publié en 1984-1989, tout l'effort de Heisenberg se concentre sur la clarification et l'explication de ce qu'il appelle lui-même, dans son propre article de 1929[1] sur le développement de la théorie quantique entre 1918 et 1928, le « programme du Cercle de Copenhague ». Heisenberg présente d'abord ce programme comme directement issu des difficultés que la compréhension du formalisme mathématique avaient suscitées à la fin de l'année 1926. D'une part les mathématiques de la théorie, construites dans des espaces multidimensionnels, ne laissaient, note Heisenberg, aucune place pour un lien causal et spatio-temporel des phénomènes physiques entre eux ; d'autre part, la description des faits exigeait que l'on continue à utiliser « les concepts de notre monde spatio-temporel intuitif ». La construction d'un langage, « c'est-à-dire d'un monde de concepts » susceptible d'être adéquat aux connexions mathématiques semblait donc sans espoir, toute notre pensée étant indissolublement liée à la représentation spatio-temporelle intuitive[2]. La seule solution possible à ces diffi-

1. W. Heisenberg, « Die Entwicklung der Quantentheorie 1918-1928 », *Die Naturwissenschaften* 17 (1929), p. 490-496.

2. *Ibid.*, p. 494 : « *Andererseits schien es hoffnungslos, die Konstruktion einer Sprache, d. h. einer Begriffswelt zu versuchen, die diesen*

cultés était alors de conserver les concepts intuitifs antérieurs, tout en limitant leur domaine d'application autant que cela était nécessaire : « ce programme a été mené à bien dans les travaux du Cercle de Copenhague[1] ». Le programme du Cercle de Copenhague est donc défini par Heisenberg en 1929 comme une construction de langage et une recherche des domaines de validité des concepts, c'est-à-dire comme quelque chose qui suppose un travail d'ordre philosophique : « La compréhension physique de la théorie quantique [...] n'était possible que sur la base *d'une révision et d'un élargissement du monde-de-concepts classique*, c'est-à-dire sur la base d'une recherche scrupuleuse *du point de vue de la théorie de la connaissance* en ce qui concernait les concepts qu'il fallait introduire dans la théorie[2]. » Réviser et élargir le monde-de-concepts classique : on peut faire l'hypothèse que l'article de

geschilderten mathematischen Zusammenhängen adäquat wäre ; denn unser ganzes Denken ist untrennbar mit der anschaulichen Raum-Zeitvorstellung verknüpft ; wir beschreiben das Ergebnis unserer Experimente stets in Worten, die dieser anschaulichen Raum-Zeitwelt entlehnt sind. »

1. *Ibid.*, p. 494 : « *Die einzig mögliche Lösung dieser Schwierigkeiten bestand also darin, zwar die bisherigen anschaulichen Begriffe beizubehalten, aber ihren Anwendbarkeitsbereich, soweit es notwendig war, einzuschränken. Dieses Program wurde durchgeführt in den Arbeiten des Kopenhagener Kreises.* »

2. *Ibid.*, p. 495 : « *Das physikalische Verständnis der Quantentheorie war also, ähnlich wie das der Relativitästheorie, nur möglich auf Grund einer Revision und einer Erweiterung der klassischen Begriffswelt, d. h. auf Grund einer sorgfältigen erkenntnistheoretischen Untersuchung der in die Theorie einzuführenden Begriffe.* » Les principaux problèmes que Heisenberg mentionne alors sont les paradoxes liés à l'opération de mesure, l'impossibilité de formuler le principe de causalité avec la même précision qu'en physique classique, et l'émergence d'un élément intrinsèquement statistique de la description.

1929 — quoiqu'il soit généralement oublié aujourd'hui au même titre que celui publié par Bohr la même année — fournit tous les fils directeurs nécessaires pour comprendre les textes historiques, épistémologiques ou philosophiques de Heisenberg au cours des années qui suivent. Le programme tracé dans cet article trouve en effet une première illustration dans les conférences de Chicago de 1929, où Heisenberg met l'accent sur le caractère indissociable de la compréhension physique des expériences de la théorie quantique et de la compréhension philosophique des modifications qu'elle introduit dans la théorie de la connaissance[1]. Il se poursuit ensuite par la mise en œuvre d'une « limitation » de la théorie kantienne de l'objectivité — limitation annoncée par Heisenberg dès 1927 dans sa conférence inaugurale à Leipzig, puis argumentée dans l'article de 1934 sur les « modifications des fondements de la science de la nature » et dans la conférence Nobel[2] —, ainsi que par les différentes interventions de Heisenberg au tout début des années 1930 qui visent à clarifier le sens de la « non-validité » du principe de causalité affirmée à la fin de l'article de 1927 sur les relations d'indétermination[3].

1. Voir W. Heisenberg, *The Physical Principles of Quantum Theory*, *op. cit.*, note 5.

2. W. Heisenberg, « Wandlungen der Grundlagen der exakten Naturwissenschaft in jüngster Zeit », *op. cit.*, note 36, et « Die Entwicklung der Quantenmechanik », in W. Heisenberg, E. Schrödinger, P. A. M. Dirac, *Die moderne Atomtheorie*, Leipzig, S. Hirzel, 1934 (textes des Conférences Nobel).

3. Voir W. Heisenberg, « Kausalgesetz und Quantenmechanik », *Erkenntnis 2/Annalen der Philosophie* 10, p. 172-182 ; « Die Rolle der Unbestimmtheitsrelationen in der modernen Physik », *Monatsheft für Mathematik und Physik* 38 (1931), p. 365-372.

Au programme défini en 1929 on peut rattacher également les deux articles de 1933 et 1937 dont l'objet est de situer les modifications apportées aux concepts de substance, d'espace, de temps ou de causalité dans une histoire philosophique de la physique depuis ses débuts grecs[1], ainsi que la conférence de 1935 sur les « questions de la physique contemporaine au sujet des principes[2] », qui pose le problème de savoir « comment une telle révision de nos concepts fondamentaux a été possible » et qui y répond par une analyse des ambiguïtés du langage des théories classiques, par une conception nouvelle du processus d'idéalisation propre à la formation des concepts dans une théorie physique, et par une hypothèse sur le processus de passage d'une théorie à une autre[3]. Enfin, on peut consi-

1. Voir W. Heisenberg, « Zur Geschichte der physikalischen Naturerklärung », *Physikalische Berichte* 85 (1933), p. 29-40 ; et « Gedanken der antiken Naturphilosophie in der modernen Physik », *Die Antike. Zeitschrift für Kunst und Kulture des klassischen Altertums* 13 (1937) ; p. 118-124. Le premier de ces textes comporte une des premières discussions par Heisenberg de l'opposition entre Démocrite et Platon, ainsi qu'une référence à un processus d'autolimitation de la physique au cours de l'histoire (on peut noter que, dans la conclusion des « Sources historiques » du recueil de 1955, Heisenberg mentionne de nouveau un tel processus d'autolimitation ; voir plus loin p. 298).

2. W. Heisenberg, « Prinzipielle Fragen der modernen Physik », *Unsere Welt* 28 (1936), p. 97-102.

3. On trouve dès cette époque dans les articles de Heisenberg un certain nombre de problèmes épistémologiques qui sont devenus classiques dans la philosophie des sciences d'après guerre, après avoir toutefois été dûment « traduits » dans les termes de l'empirisme logique. Ces termes étaient cependant implicitement ou explicitement récusés par Heisenberg. Ainsi l'article de 1936 insiste sur l'importance positive pour les sciences des phrases apparemment « dépourvues de sens » : une théorie physique nouvelle se construit d'abord *via* la découverte, imposée par l'expérience, que certaines phrases de la théorie antérieure sont dépourvues de sens, puis par l'énoncé de nouvelles « connexions

dérer que c'est l'effort pour « réviser et élargir le monde-de-concepts classique » qui conduit Heisenberg à la préparation et à la rédaction, en 1941 et 1942, du manuscrit philosophique publié de façon posthume en 1984-1989. Au compte de la préparation de ce manuscrit, il faut citer les deux conférences de 1941 sur « Goethe et Newton » et sur « l'unité de l'image du monde dans la science de la nature », qui toutes deux mettent au premier plan la nécessité de construire un nouveau concept de réalité. La conférence sur Goethe introduit en effet la notion de niveaux et de régions de réalité distincts, tandis que la conférence sur l'unité de l'image du monde (dont le titre est un hommage évident à Planck) est de fait un commentaire de la pluralité des différents systèmes de concepts propre au nouvel « agencement de la réalité » associé à la physique contemporaine, agencement qui ne procède d'aucun « point de vue orginaire[1] ». Issu de ces conférences et de tout le travail antérieur, le manuscrit écrit à Urfeld en 1941 et 1942 représente à la fois l'état le plus achevé et le plus systématique de la réflexion de Heisenberg, qui le décrira en 1947 comme « une présentation très personnelle de [ses] idées sur des ques-

abstraites », puis enfin par la construction d'un nouveau « système de concepts ». Ce point est à relier à l'accent mis par Bohr sur l'importance de l'expérience de l'inintelligible et de la contradiction dans le processus de connaissance.

1. Voir W. Heisenberg, « Goethesche und Newtonsche Farbenlehre im Lichte der modernen Physik », *Geist der Zeit* 19 (1941), p. 261-275, et « Die Einheit des naturwissenschaftlichen Weltbildes », *Leipziger Universitätsreden* 8 (1942). Sur le contexte politique et idéologique dans lequel Heisenberg donne ces conférences, et pour des références à la littérature, voir l'Introduction de la traduction française du manuscrit de 1942, *Philosophie, op. cit.*, note 7.

tions philosophiques très générales[1] », et l'exposé le plus clair qui soit disponible des positions de Bohr, y compris de son enseignement oral. Or on retrouve dans ce manuscrit, abordés à partir de la mise en question de tous les concepts traditionnels de « réalité », les trois problèmes fondamentaux indiqués par Bohr en 1929 et repris par Heisenberg la même année : celui de l'objectivité, à redéfinir en rapport avec le degré auquel il est possible de séparer ce qui est objectivé du processus par lequel il est objectivé ; celui du langage, à introduire à une place essentielle dans la théorie de la connaissance ; et celui de la division sujet-objet, à remplacer par une conception plus fine des régions et des niveaux de réalité, en abandonnant tous les agencements architectoniques qu'avait tentés la métaphysique moderne. Le manuscrit de 1942 semble ainsi clore quinze années d'une réflexion philosophique orientée par Bohr dès 1927-1929, et commune à Bohr, Heisenberg et Pauli, au sujet de la modification du « monde-de-concepts classique » nécessaire à la compréhension des transformations de la physique.

Que se passe-t-il ensuite ? Entre l'après-guerre et sa mort en 1976, Heisenberg devient l'un des personnages principaux de l'Allemagne — et de l'Europe intellectuelle — en reconstruction. Mais il continue simultanément à intervenir de manière décisive dans le développement de la physique, aussi bien dans le domaine théorique que sur le plan institutionnel. De même, il continue à écrire un grand nombre de textes

1. Lettre de Heisenberg à F. Kraus du 10 février 1947 (*Heisenberg Archiv.*), citée plus longuement in W. Heisenberg, *Philosophie, op. cit.*, note 7, Avant-propos, p. 10.

historiques et épistémologiques, dont le manuscrit de 1942 reste la matrice, mais avec des déplacements d'accents qui sont sensibles dans les deux autres efforts de synthèse philosophique que représentent, en 1955, les Conférences Gifford — publiées en 1958 sous le titre *de Physics and Philosophy* —, puis en 1969 le livre autobiographique, *Der Teil und das Ganze*. Il est encore difficile d'apprécier la signification exacte de l'évolution de Heisenberg au cours de cette seconde période tant les problèmes sont complexes et liés les uns aux autres : il faudrait en effet pour cela comprendre dans le détail l'interaction constante entre ses travaux en physique, son rôle politique et culturel et ses positions philosophiques[1]. Lorsque Heisenberg réfléchit de nouveau, au cours des années 1950, sur les concepts de temps, de causalité, d'énergie, ou de structures mathématiques, ce qu'il publie à ce propos reste, malgré la limpidité du style, incompréhensible sans l'arrière-fond des difficultés de la théorie des particules élémentaires ou de l'interprétation des rapports entre mécanique quantique et théorie de la relativité. Un article apparemment voué à la rhétorique de l'hommage peut ainsi

1. En ce qui concerne la physique et le rôle institutionnel de Heisenberg, les points de repère essentiels ainsi que des interprétations d'ensemble ont été donnés par D. Cassidy dans son livre de 1992 et par C. Carson dans sa thèse (encore inédite) de 1995. Pour C. Carson, Heisenberg est l'héritier du rôle de « porte-parole » philosophique et culturel qui avait été celui de Planck au début du XXe siècle, cela en particulier à partir de la fin des années 1950 : le « Manifeste des 18 de Göttingen » contre le réarmement nucléaire de l'Allemagne date de 1957, au printemps 1958 Heisenberg passe pour avoir trouvé la « formule du monde », et en juin 1958 il se voit, honneur insigne, demander de prononcer la conférence du 800e anniversaire de la ville de Munich.

s'avérer entièrement déterminé, dans son contenu, par les préoccupations scientifiques de Heisenberg ; un exemple spectaculaire de cette situation serait la conférence sur « La découverte de Planck et les questions philosophiques fondamentales de la théorie atomique[1] » donnée au printemps de 1958 à Berlin, à l'occasion du centenaire de Planck, et dans laquelle Heisenberg présente à la fin le résultat de ses travaux récents en montrant une formule dont il dit qu'elle pourrait être « la vraie équation de la matière[2] ». Ce lien entre travail personnel et rôle public affecte tout autant les positions philosophiques adoptées par Heisenberg à l'occasion des colloques auxquels il est amené à participer en compagnie de Heidegger, Romano Guardini, Friedrich Georg Jünger, Bertrand Russell et d'autres. Un grand nombre d'articles, et notamment ceux du recueil de 1955 réédité ici, sont donc incompréhensibles hors de ce contexte public, de même que les conférences sur Platon, sur l'héritage grec, sur Goethe ou sur les rapports entre science et religion doivent être lues, dans les années 1960-1970,

1. W. Heisenberg, « Die Plancksche Entdeckung und die philosophischen Grundfragen der Atomlehre », *Jahrbuch* (1958), Max-Planck Gesellschaft, p. 26-52.

2. Bien que Heisenberg ne l'ait cherché en rien et s'y soit opposé autant que cela lui était possible, l'information avait filtré et la conférence de Berlin s'était transformée en « coup médiatique » ; on trouve partout ensuite dans la presse les commentaires les plus divers au sujet de la « formule du monde » (*Weltformel*) que Heisenberg aurait, enfin, découverte. Sur cet épisode, voir l'analyse de C. Carson, « Particle physics and cultural politics », *op. cit.*, note 12, p. 91 sq. C. Carson signale (*ibid.*, p. 105) qu'un ouvrage général réputé sur l'évolution de la culture en Allemagne reproduira la formule de Heisenberg à l'envers, sans que la chose soit corrigée ni dans les éditions ultérieures, ni dans la traduction anglaise.

en tenant compte de l'identification opérée entre l'image de Heisenberg et la « tradition » de la culture historique et philosophique allemande. Enfin, plusieurs textes importants concernent le débat au sujet de ce que l'on commence à appeler vers 1950 « l'interprétation de Copenhague de la mécanique quantique », débat qui avait été renouvelé au début des années 1950 par les travaux de David Bohm. L'imbrication des problèmes et des contextes rend ainsi encore particulièrement difficile le tracé de quelque chose comme une ligne directrice de la réflexion de Heisenberg après la fin de la Seconde Guerre mondiale. Tout au plus est-il possible d'indiquer des thèmes récurrents : la définition de la notion de « théorie close » en physique[1], l'interprétation du concept de probabilité/potentialité, la comparaison entre les styles en physique et les styles en art, l'histoire de « l'abstraction » dans les sciences et dans l'art, le rapport entre langage et réalité, les modifications du concept de « compréhension » (*Verstehen*), la fin du « partage cartésien », la crise de la technique, l'idée d'un « ordre central des phénomènes ».

Mais, quoi qu'il en soit de la difficulté d'apprécier la signification de la seconde période des écrits de Heisenberg, il est au moins possible à ce point de récuser l'opinion courante selon laquelle l'impulsion

1. L'expression de « *abgeschlossene Theorie* » se trouve déjà, à propos de la théorie quantique, dans une lettre de Bohr à Sommerfeld de 1919. Elle semble avoir été l'objet de discussions à Copenhague au cours des années 1920, et Heisenberg, influencé également par les débats du cercle de Hilbert à Göttingen, l'utilise dans son article de 1929 cité plus haut. Il ne s'agit donc pas d'une préoccupation propre à l'après-guerre ; en revanche, Heisenberg y consacre deux articles entiers, en 1948 et 1973.

initiale de ces écrits serait toujours venue de l'extérieur ou des circonstances, sans qu'il y ait eu de la part de Heisenberg aucun projet philosophique déterminé. La nécessité de « philosopher » affirmée par Bohr au moment de l'achèvement provisoire de la théorie quantique en 1927 ne s'est en effet nullement diluée ensuite au profit d'une pratique de la philosophie qui se serait apparentée à du marketing. Les trois problèmes fondamentaux indiqués par Bohr ont au contraire servi de repères généraux pour un projet dont l'exigence et l'originalité philosophiques semblaient évidentes à des lecteurs aussi difficiles que Cassirer, Heidegger ou Kojève dans les années 1930 et ne peuvent être jugées, en tout état de cause, que par une lecture attentive des textes dans lesquels il s'exprime. Une telle lecture montre qu'au-delà de la critique immédiate de la théorie de la connaissance héritée du kantisme que l'on trouve chez Bohr, Heisenberg et Pauli — critique qui porte sur le lien entre « formes de l'intuition » et catégories de l'entendement, c'est-à-dire sur le mécanisme de l'objectivation —, ce qui était mis en question par les fondateurs de la physique quantique était un ensemble de présuppositions plus originaires propres à la philosophie moderne et obtenues par réduction drastique de certaines problématiques du Moyen Âge ou de la Renaissance : division « sujet-objet », prééminence de la métaphore visuelle, rôle secondaire dévolu au langage, idée de lois universelles et nécessaires pour une nature elle-même immuable, etc. Après la fin de la Seconde Guerre mondiale, un tel projet philosophique devenait cependant illisible, obscur, ou au mieux inutile pour une physique triomphante qui se présentait plus que jamais comme la « théorie du réel » par excellence.

LA CONFÉRENCE DE 1953 SUR LA TECHNIQUE ET LA CONFRONTATION AVEC HEIDEGGER

Dans quelle mesure le fait de considérer le problème du rapport de Heisenberg à la philosophie dans une perspective nouvelle éclaire-t-il maintenant la lecture que l'on peut faire des articles réunis dans le volume de 1955, *Das Naturbild der heutigen Physik* ? Pour le montrer, il suffira ici de considérer le seul cas du premier article du recueil, c'est-à-dire de la conférence donnée par Heisenberg en novembre 1953 à Munich. Cet article, qui donne son titre au volume, est le plus important à la fois en nombre de pages et en intérêt philosophique. Or on peut faire l'hypothèse que le sens de ce que dit Heisenberg dans ce texte reste inintelligible si l'on ne prend pas en compte ce qui a été exposé plus haut au sujet des références et du projet philosophique général de Heisenberg.

La conférence de 1953 sur « L'image de la nature dans la physique contemporaine », bien que son titre n'en fasse pas mention, traite du problème de la technique. Ce n'est pas le seul écrit de Heisenberg dans lequel le problème de la technique soit abordé : on trouverait de nombreuses remarques plus ou moins élaborées à propos du statut de la technique dès les articles réunis dans *Wandlungen in den Grundlagen der Naturwissenschaft* (1935), et il faudrait consacrer une étude spéciale à la seule question de la position de Heisenberg sous ce rapport pendant la période du nazisme[1]. La conférence de 1953 n'est donc ni le premier texte, ni le seul dans lequel Heisenberg se soit interrogé sur la technique. Par ailleurs, il s'agit à première vue d'un exposé assez traditionnel, relevant de l'habitude caractéristique des savants allemands des XIXe et XXe siècles, depuis Du Bois-Reymond et Helmholtz jusqu'à Planck, Einstein ou Schrödinger, de s'adresser à un auditoire de lettrés ou d'artistes et de leur expliquer les caractères généraux des « travaux en cours ». Comme on l'a vu, Heisenberg voulait très consciemment maintenir ce rôle culturel des « conférences populaires[2] » dans le monde de l'après-

1. Si Heisenberg s'attache alors à défendre la thèse d'une imbrication indissociable entre science et technique, c'est en effet afin de ruiner l'argument des partisans de la « Physique allemande » (*Deutsche Physik*) qui voulaient — au nom d'un retour à la « réalité vivante » contre une physique « juive », ultramathématisée et fascinée par les fictions — limiter la physique théorique et la subordonner entièrement à la physique expérimentale et à la technique. Pour une analyse de cette période et des références à la littérature, voir W. Heisenberg, *Philosophie, op. cit.*, note 7, Introduction.

2. Un certain nombre de ces conférences ont joué un rôle essentiel dans l'histoire de la philosophie et de la philosophie des sciences au XIXe siècle et au début du XXe siècle. C'est le cas par exemple d'au moins cinq conférences « populaires » de Helmholtz : l'exposé de philosophie générale de 1878 « Die Tatsache in der Wahrnehmung », les trois textes sur les fondements de la géométrie et de l'arithmétique réédités par P. Hertz et M. Schlick in *Schriften zur Erkenntnistheorie* en 1921, et la conférence de 1881 qui introduit la notion d'électron, sous le nom de quantum d'électricité. Le genre n'est donc pas négligeable et il possède une ambition philosophique. Dans ses versions les plus austères, il a sa première illustration chez Kant, dans la « Remarque générale sur la

guerre, dominé par ce qu'il appelait la « physique américaine » On pourrait alors se demander s'il est justifié, dans ces conditions, de donner à ce premier article du recueil de 1955 une importance particulière. Mais deux raisons imposent d'accorder à la conférence de 1953 une attention spéciale.

Première raison : la conférence de Heisenberg s'inscrit, pour une part sans doute décisive, dans la transformation de la question de la technique qui se produit à ce moment en philosophie. Le propos de Heisenberg consiste en effet à suggérer qu'il faut cesser de s'interroger sur la technique comme *science appliquée* — et notamment comme « bonne » ou « mauvaise » application d'une science elle-même vue comme unilatéralement « bonne » — pour s'interroger sur la technique *comme processus autonome à l'échelle de la planète*, un processus ni « bon » ni « mauvais » pris isolément, mais cependant susceptible de présenter un « danger » qu'il faut reconnaître. On assiste donc ici à une modification radicale de perspective, modification que Heisenberg propose de comprendre en rapport à la fois avec l'histoire des sciences et avec l'histoire de la philosophie. Ensuite, seconde raison de son importance, le texte de 1953 est aussi l'occasion d'une nouvelle rencontre entre Heisenberg et Heidegger. Heidegger souhaitait depuis longtemps cette nouvelle rencontre, comme en témoigne la correspon-

Dynamique » qui clôt la seconde partie des *Premiers principes métaphysiques de la science de la nature* de 1786. Dans ses versions les plus spectaculaires, il sert à exposer une thèse considérée comme nouvelle, originale, voire provocatrice — bref, quelque chose qu'il ne serait pas tout à fait correct de présenter aux étudiants dans l'enseignement courant, mais qui correspond à de la recherche en cours.

dance[1]. Déjà en 1935, Heidegger déclarait que « Bohr et Heisenberg pensent en philosophes[2] » et il fera référence jusque dans les derniers Séminaires à certains articles de Heisenberg. En 1953, la conférence que donne Heidegger sur « La question de la technique », prononcée le lendemain dans le même lieu, renvoie par deux fois explicitement à l'exposé de Heisenberg :

1. Voir plus haut la note 2, p. 16-17. À propos de la première rencontre entre Heisenberg et Heidegger en 1935, on peut se reporter au récit de C.F. von Weizsäcker, « Rencontres sur quatre décennies », in *Martin Heidegger*, M. Haar éd., Cahiers de L'Herne, Paris, 1983, p. 156-160. Les rapports personnels de Heidegger et de Heisenberg semblent avoir été marqués par une grande estime intellectuelle réciproque, avec toutefois une distance nette et explicite prise par Heisenberg à l'égard du « monde de pensée » de Heidegger, ainsi qu'à l'égard de ses positions politiques avant la guerre. Voir par exemple la lettre de Heisenberg à Gerhard Nebel du 9 juin 49 : « *denn alle Äusserungen, die aus dem Munde von Heidegger oder Ernst und Friedrich Georg Jünger kommen, sind mir im Hinblick auf unsere deutsche Zukunft wichtig* », et la lettre à Leonard Fischer du 13 janvier 1970 : « *Was die Auseinandersetzung mit der Gedankenwelt Heideggers betrifft, so möchte ich nur erwähnen, dass Weizsäcker und ich Heidegger seit vielen Jahren kennen und oft mit ihm über brennende philosophische Probleme diskutiert haben. Aber natürlich ist von hier noch ein weiter Weg bis zu einer wissenschaftlich voll zu verantwortenden Auseinandersetzung mit dem Kern der Heideggerschen Lehre* » (*Heisenberg Archiv*; je remercie C. Carson pour m'avoir indiqué l'existence de ces lettres, ainsi que H. Rechenberg pour l'autorisation de les citer). En 1959, Heisenberg donnera une contribution au volume d'hommage dédié à Heidegger pour son 70e anniversaire ; voir W. Heisenberg, « Grundlegende Voraussetzungen in der Physik der Elementarteilchen », in *Martin Heidegger zum siebzigsten Geburtstag Festschrift*, Pfüllingen, Neske, p. 291-297.

2. M. Heidegger, *Die Frage nach dem Ding. Zu Kants Lehre von den transzendentalen Grundsätzen*, Tübingen, Max Niemeyer, 1962 (Cours du semestre d'hiver 1935-1936), ici : p. 51 ; traduction française : *Qu'est-ce qu'une chose ?*, Paris, Gallimard, 1971, ici : p. 79. Sur cette référence à Bohr et Heisenberg dans le Cours de 1935, voir C. Chevalley, « La physique de Heidegger », *Études philosophiques* 3 (1990), p. 289-311.

une première fois à propos de l'interprétation de la physique quantique — « à cette rétraction de la causalité correspondrait le processus de la modération croissante des prétentions, tel que Heisenberg, dans sa conférence, l'a exposé d'une manière saisissante » — ; et une seconde fois à propos de la figure du « maître et seigneur de la terre » : « C'est justement l'homme ainsi menacé qui se rengorge et qui pose au seigneur de la terre. Ainsi s'étend l'apparence que tout ce que l'on rencontre ne subsiste qu'en tant qu'il est le fait de l'homme. Cette apparence nourrit à son tour une dernière illusion : il nous semble que partout l'homme ne rencontre plus que lui-même. Heisenberg a eu pleinement raison de faire remarquer qu'à l'homme d'aujourd'hui le réel ne peut se présenter autrement[1] ». Entre les deux exposés de Heisenberg et de Heidegger, il y a donc non seulement une juxtaposition due à la circonstance d'un colloque, mais une confrontation. Modification de perspective sur la question de la technique et débat avec Heidegger : la conférence de Heisenberg est incompréhensible hors de ce contexte. Pour rendre compte adéquatement de la portée du texte de 1953, il faut par conséquent reconsti-

1. M. Heidegger, « Die Frage nach der Technik » ; traduction française in *Essais et conférences, op. cit.*, note 1, p. 16, ici : resp. p. 31 et p. 36. Heidegger revient sur cette dernière remarque de Heisenberg dans la lettre qu'il lui envoie le 6 novembre 1953 (*Heisenberg Archiv*), accompagnée d'une copie de son propre texte : il note à cette occasion qu'il tient pour correct l'énoncé de Heisenberg selon lequel l'homme ne rencontre plus aujourd'hui que lui-même partout sur la terre, mais qu'il pense qu'il faut lui donner une signification de questionnement plus profonde encore. Sur la figure du « maître et seigneur de la terre », voir les remarques essentielles de D. Franck, *Nietzsche et l'ombre de Dieu*, Paris, P.U.F., 1998, Introduction.

tuer le détail de son argumentation, puis examiner dans quelle mesure Heisenberg rejoint Heidegger et dans quelle mesure il s'en éloigne.

Position de la question

Sans anticiper sur la thèse proprement philosophique que soutient Heisenberg, qui serait inintelligible à ce stade, on peut dire que l'idée directrice de la conférence de 1953 est de s'interroger sur la transformation de la *position de l'homme à l'égard de la nature* à l'époque contemporaine[1]. Cette position à l'égard de la nature, selon Heisenberg, ne trouve plus son expression comme aux siècles antérieurs dans une *Naturphilosophie* : elle est désormais déterminée (*bestimmt*) dans une large mesure par la science moderne de la nature et par la technique. Mais la transformation de la science de la nature et de la technique est elle-même le signe de « changements profonds dans les fondements de notre existence qui de leur côté provoquent en retour des effets dans tous les autres domaines de la vie ». L'expression de « fondements de notre existence » (*unseres Daseins*) se retrouve également répétée plus loin dans le texte et désigne clairement que l'on a affaire ici, non pas à un simple trait épistémologique nouveau du rapport entre la science et la technique, mais à une modification de toute notre manière d'être au monde, qui affecte les

1. Le problème de la « position de l'homme à l'égard du monde » (*Weltstellung des Menschen*) est un problème récurrent dans la philosophie allemande de la fin du XIXe siècle et du début du XXe, ainsi chez Dilthey, Lotze, ou Rickert.

sciences de la nature, mais aussi les arts, les modes de vie, les habitudes de pensée. Ainsi, de même que dans le manuscrit philosophique de 1942, Heisenberg récuse d'entrée de jeu l'idée que le changement dans la position de l'homme à l'égard de la nature pourrait être induit par la seule transformation de la science : la science n'est ici qu'un *symptôme* de quelque chose de plus originaire, et c'est ce quelque chose qu'il faut comprendre.

Comment s'ordonne ensuite l'argument de Heisenberg ? Le texte de 1953 se présente comme divisé en trois parties, intitulées de façon un peu scolaire — peut-être pour respecter les exigences de la collection : « I. Le problème de la nature. II. La technique. III. Les sciences de la nature en tant que parties des actions réciproques entre l'homme et la nature ». Mais cette division ne permet pas réellement de comprendre de quoi il est question et une lecture attentive montre que la conférence de Heisenberg est construite selon une progression argumentaire irréductible à cette apparence linéaire. Comment reconstituer cette progression ? Dans la *première partie* de sa conférence, Heisenberg traite d'abord de l'évolution de notre rapport à la nature selon le fil directeur de l'histoire de la physique ; cette première partie comporte trois moments, *plus un*. Puis, dans une *deuxième partie*, Heisenberg traite de l'évolution de notre rapport à la nature selon le fil directeur de l'histoire de la technique : trois moments. Dans la *troisième partie* enfin, il évoque la « crise » de notre époque et suggère une direction de solution : trois moments encore, dont le premier définit la crise par l'idée que l'homme se retrouve aujourd'hui seul avec lui-même dans une nature dont le sol originaire a été perdu, tandis que le second reprend l'évolution la plus récente de l'histoire de la physique pour en dégager le sens fondamental, et que le troisième suggère de dériver de ce sens fondamental une issue pour la crise ouverte par l'autonomisation de la technique. On a donc bien quelque chose comme « I. Physique, II. Technique, III. Situation actuelle ». Mais la ligne directrice de l'argument de Heisenberg consiste en réalité à mettre en évidence une évolution parallèle dans le développement de la physique et dans le développement de la technique, puis à utiliser la solution apportée à la crise de la physique pour suggérer une solution à la crise ouverte par la situation actuelle de la technique : le *quatrième moment de la première partie* s'avère ainsi être la clé de tout le texte, comme on va le voir plus en détail.

Détail de l'argument

Physique : l'évolution de la science mathématique de la nature

La conférence de 1953 commence avec une référence au Moyen Âge et une citation de la fin des *Harmonices Mundi* de Kepler — « Je te remercie, mon Dieu, de m'avoir laissé *voir* la beauté de ta création » ; il s'achève sur la citation d'une remarque canonique de Bohr selon laquelle nous ne sommes *pas spectateurs*, mais acteurs dans le théâtre de la vie. Entre ces deux citations, qui marquent le début et la fin du modèle de la connaissance comme vision, Heisenberg propose une histoire conceptuelle du développement de la pensée classique sur la nature jusqu'au début du XXe siècle. Cette histoire conceptuelle n'est pas un simple ornement, puisque c'est de sa logique interne que procède la thèse philosophique générale de Heisenberg.

PREMIER MOMENT : LA PREMIÈRE MUTATION DE LA SCIENCE DE LA NATURE (LES TEMPS MODERNES). Le premier moment de la Partie I du texte[1] décrit d'abord l'apparition de la science mathématique de la nature comme une mutation brusque correspondant à un changement global de la position de l'homme à l'égard de la nature. Au Moyen Âge, la nature est considérée comme l'œuvre de Dieu (*das Werk Gottes*) et il est dépourvu de sens de s'interroger sur elle indépendamment de Dieu : d'où ce qui est encore le mode de pensée de Kepler. Mais, note Heisenberg, « en quelques dizaines d'années, la position de l'homme à l'égard de la nature change fondamentalement » et il se produit alors une modification discontinue dans la manière de penser. Cette modification est associée par Heisenberg à la science de Galilée et à l'idée qu'il est possible de décrire mathématiquement les phénomènes naturels et par là même de les « expliquer » : ainsi s'ouvrait une « tache infinie » (*unendliche Aufgabe*)[2]. Cette modifi-

1. P. 119-124.

2. P. 120. La traduction littérale est « tâche infinie » plutôt que « immense tâche ». Il s'agit sans doute d'une référence à E. Husserl. Le texte de Heisenberg est en effet très proche ici de ce que décrivait Husserl à la fin des années 1930 dans les textes réunis sous le titre de *Die Krisis der europaïschen Wissenschaften* (traduction française par G. Granel, *La crise des sciences européennes et la phénoménologie transcendantale*, Paris, Gallimard, 1976). Husserl parlait de « mutation » (l'expression sera reprise par A. Koyré) et de « violent change-

cation, toutefois, n'affecte pas seulement la science de la nature : ce que décrit Heisenberg est un phénomène global. En tant que la religion était ce qui façonnait le concept antérieur de réalité, c'est même, selon Heisenberg, à un changement dans l'attitude religieuse qu'il faut assigner l'origine de la nouvelle science. Heisenberg écrit ainsi que « le développement de la pensée chrétienne à cette époque peut expliquer le changement dans la position du savant à l'égard de la nature[1] » : car Dieu est si haut que cela donne un sens à l'idée d'une nature munie de lois. Éloigner Dieu tout en géométrisant la nature : c'est bien ce que fait Descartes, en contraste avec Kepler. Heisenberg appelle cela « une forme spécifiquement chrétienne d'impiété » (*Gottlosigkeit*[2]) et note que, pour cette raison, « aucune évolution correspondante ne s'est produite dans d'autres cultures[3] ». Par ailleurs, l'autonomisation de la sphère

---

ment de sens » à propos de l'apparition de la science « galiléenne », grosse du « rationalisme objectiviste », qui opérait par une mathématisation du « style empirique invariant du monde » et ouvrait à l'idée d'une « tâche infinie » et d'une mathématique universelle qui allait « séduire » Descartes, mais qui était aussi à la fois découvrante et recouvrante, vêtement d'idées, anticipation d'un monde de formules qui allait techniciser irrémédiablement le monde de la vie, etc. On peut remarquer par ailleurs que le texte de Heisenberg met en œuvre la même méthode de « zigzag » préconisée par Husserl dans la *Krisis* : ici comme là, il s'agit en effet, en partant de la « crise » actuelle, de remonter vers une compréhension de ses origines au XVIIe siècle, afin de préparer la construction d'une autre conception de l'objectivité ou du rationalisme.

1. P. 120.
2. P. 120.
3. Une telle remarque est fréquente à cette époque. On la trouve ainsi chez A. Kojève, chez A. Koyré, chez J. Needham, et déjà chez Max Weber au début des *Gesammelte Aufsätze für Religionssoziologie*, Tübingen, Mohr, 1920.

de la nature se marque aussi dans *l'art*. Ce qui va avec la science galiléenne, c'est la transformation de la nature en objet de représentation artistique : « ce n'est probablement pas par hasard que, justement à cette époque, la nature en elle-même devient, indépendamment du thème religieux, un objet de représentation (*Gegenstand der Darstellung*) artistique ; considérer la nature non seulement en dehors de Dieu, mais aussi en dehors de l'homme... [1] ». La mutation est donc globale et d'ordre philosophique. Lorsque Heisenberg décrit ici, comme dans beaucoup d'autres textes, la période de l'histoire de la physique qui s'ouvre au XVIIe — la « science de la nature des Temps Modernes » —, il la décrit non pas comme un progrès formel, ou technique, ou social, ni comme une naissance de l'expérimentation, mais comme un changement radical d'attitude, de « position » intellectuelle. C'est, à vrai dire, un changement du concept de « réalité », tel que défini dans le manuscrit de 1942[2].

DEUXIÈME MOMENT : LA PERTE DU SOL DE L'EXPÉRIENCE IMMÉDIATE. Quel sens donner à ce changement ? Le *deuxième moment* de la Partie I du texte

1. E. Panofsky fait à la même époque la même conjecture dans ses écrits sur l'histoire de l'art.

2. Voir *Philosophie, op. cit.*, note 7. Pour Heisenberg, le concept de réalité est défini à chaque époque par l'agencement (*Ordnung*) des régions de réalité opéré afin de distribuer le savoir disponible. « Réalité » n'est donc nullement restreint au sens ordinaire que prend aujourd'hui l'expression de « réalité objective ». Heisenberg récuse de fait la distinction traditionnelle entre une sphère objective et une sphère subjective, inclut dans la réalité les « processus de l'âme » et le monde des symboles, et pose que nous pensons toujours le réel selon les groupes de relations que nous avons identifiés.

présente comme la conséquence majeure de cette « mutation » de la pensée l'élaboration d'un certain *idéal d'objectivité* : celui d'une science de la totalité de la nature, où la nature est conçue comme l'ensemble des objets définis dans la science mathématique. Au XVIIIe siècle, cette conception de l'objectivité scelle la *Gottlosigkeit* au profit de la conquête d'une région nouvelle de réalité, mais elle prépare aussi *la perte du sol de l'expérience immédiate.* À travers l'extension de la méthode newtonienne, la marche triomphale de la physique et la conquête de régions de l'expérience très lointaines rendues accessibles par les instruments, ce qui se précise est en effet une détermination nouvelle du sens du *mot* « nature », qui vient inscrire dans le langage l'effet de ce changement de position : « La signification du terme “nature” se transforma : il devint le *concept collectif* (*Sammelbegriff*) de tous les domaines de l'expérience où l'homme peut accéder à l'aide de la science et de la technique, indépendamment du fait que, pour l'expérience immédiate, ces domaines apparaissent ou non comme “nature”. Le terme de “description de la nature” s'est mis également à perdre de plus en plus sa signification originaire de présentation (*seine ursprüngliche Bedeutung als Darstellung*) devant fournir l'image la plus vivante et la plus forte de sens de la nature ; il a pris de plus en plus la signification de description mathématique de la nature, c'est-à-dire d'une collection d'informations la plus précise, dense et englobante possible au sujet des connexions nomologiques (*über die gesetzmässigen Zusammenhänge*) de la nature [1] ». Ce que Heisen-

1. P. 122-123. Voir également les remarques au sujet du sens nouveau

berg décrit ainsi, dans la modification de l'usage des mots, est donc *une autonomisation de la sphère de la nature par rapport à l'expérience immédiate* : ce que l'on appelle « nature » est désormais l'ensemble des objets de la science mathématique de la nature, c'est-à-dire un ensemble de connexions nomologiques (de « lois ») détaché du sol de l'expérience.

TROISIÈME MOMENT : L'IMAGE SIMPLIFIÉE DU MONDE. L'ultime étape de ce développement correspond enfin à la fixation au XIXe siècle d'un certain ensemble de concepts fondamentaux considérés comme ayant une validité générale *pour la totalité de l'expérience* : la nature apparaît désormais comme évoluant selon des lois causales dans l'espace et le temps, de telle manière que l'on peut faire abstraction de l'intervention de l'homme. Il s'agit évidemment, bien que Heisenberg ne le dise pas ici — mais il le fait souvent ailleurs — de ce dont Kant fixe l'expression philosophique à la fin du XVIIIe siècle. Mais il s'agit aussi de l'ensemble de concepts sur lequel va se greffer à la fin du XIXe siècle, autour de l'hypothèse de l'atome, ce que Heisenberg appelle « l'image simplifiée du monde selon le matérialisme du XIXe siècle » : « Les atomes, en tant qu'ils constituent *l'étant inaltérable* proprement dit (*das eigentlich unveränderlich Seiende*) se meuvent dans l'espace et le temps et provoquent par leur disposition et leurs mouvements réciproques les phénomènes variés de notre expérience sensible[1] ». De ce

de la « nature » et de la « régularité nomologique » (*Gesetzmässigkeit*) dans le commentaire des textes de Galilée (p. 230-231).

1. P. 124.

point de vue, rien ne change fondamentalement dans l'idéal d'objectivité avec l'apparition du concept de champ électrique, dans lequel Heisenberg voit pourtant une première brèche ouverte et un premier élément « non intuitif » (*Unanschaulichkeit*[1]), ni avec la découverte de la radioactivité, qui ne conduit de fait qu'à substituer à l'atome lui-même des composants plus élémentaires, mais toujours pensés comme des briques de construction. Comme, en tout cela, le texte de 1953 ne fait que condenser à l'extrême les analyses du manuscrit de 1942, on peut définir l'ensemble de concepts fondamentaux auquel Heisenberg fait référence en citant la formulation de *Philosophie* : « Un mode unifié de l'événementiel qui englobe tous les processus de la nature et qui évolue de façon objective dans l'espace et le temps indépendamment de toute observation [...] l'ensemble des lois qui régissent ce mode de l'événementiel peut être appréhendé globalement sous la désignation de "physique classique"[2]. »

QUATRIÈME MOMENT : LA SECONDE MUTATION DE LA SCIENCE DE LA NATURE (DES ÉTANTS AUX PROCESSUS ET AUX ÉVÉNEMENTS). Reste un *quatrième moment* dans l'évolution que décrit Heisenberg, moment qui doit être séparé des trois premiers. Ce quatrième moment décrit en effet ce qu'on pourrait appeler une *seconde mutation*, qui correspond à un changement aussi fondamental dans la *Stellung zur Natur* que celui qui s'était produit au XVIIe siècle. Ce

1. P. 124.
2. W. Heisenberg, *Philosophie, op. cit.*, note 7, p. 283 (et p. 204).

changement est celui qui se produit lorsque l'on passe en physique de la considération de l'«*étant*» à celle des «*processus*» ou des *événements* : «La question de savoir si ces particules existent "en elles-mêmes" dans l'espace et le temps ne peut donc plus être posée sous cette forme ; en effet, nous ne pouvons parler que des *événements* qui se déroulent lorsque, par l'action réciproque de la particule et de n'importe quel autre système physique, par exemple des instruments de mesure, on tente de connaître le comportement de la particule[1].» Cette phrase pourrait, à vrai dire, être interprétée en un sens faible — par exemple comme signifiant seulement une nouvelle restriction de la prétention ontologique de la science de la nature à une simple description des phénomènes. On assisterait alors à un passage analogue à celui que Kant avait déjà opéré : limitation de la connaissance des choses en soi au profit de la mise en ordre du phénoménal, et substitution à l'ontologie d'une «simple analytique de l'entendement humain». Mais en réalité il s'agit de tout à fait autre chose. Si la cible principale de Heisenberg est bien «l'image simplifiée du matérialisme du XIXe siècle», ce qui explique la présence du «*an sich*» — rappel qu'on ne connaît pas les choses en soi —, en revanche ce qui est nouveau dans la physique contemporaine est, selon Heisenberg, que nous ne pouvons plus faire simplement abstraction de la

1. P. 126-127 : «*Die Frage, ob diese Teilchen "an sich" in Raum und Zeit existieren, kann in dieser Form also nicht mehr gestellt werden, da wir stets nur über die Vorgänge sprechen können, die sich abspielen, wenn durch die Wechselwirkung des Elementarteilchens mit irgendwelchen anderen physikalischen Systemen, z.B. den Messapparaten, das Verhalten des Teilchens erschlossen werden soll.*»

manière dont nous prenons connaissance de quelque chose, c'est-à-dire de la manière dont nous *observons* et dont nous *mesurons*. En d'autres termes, il devient impossible d'opérer une simple soustraction de l'erreur ou de la perturbation apportée par la mesure, selon un schéma qui maintiendrait l'indépendance de ce qu'on cherche à connaître. Alors que, dans toute la science classique, l'opération de mesure n'était que le moyen d'exhiber une manifestation phénoménale par l'enregistrement sur des appareils de résultats répétables à l'identique, dont on déduisait des propriétés intrinsèques d'objets dont l'ensemble formait à son tour la « nature », la situation mise en évidence dans la physique contemporaine est, note Heisenberg, très différente : l'opération de mesure y devient ce qui induit une manifestation phénoménale, dans un certain ensemble indivis système physique-dispositif expérimental, et, des résultats enregistrés, l'on ne peut dériver que des régularités statistiques. La « nature » n'est plus alors pensée comme un ensemble d'« objets », mais comme un ensemble de processus d'interactions.

Cette nouvelle limitation à l'ordre du phénoménal vient récuser une nouvelle fois tout réalisme scientiste : « Si nous voulons nous faire une image du genre d'existence des particules élémentaires, nous ne pouvons plus faire principiellement abstraction des processus physiques au moyen desquels nous obtenons cette connaissance. Lorsque nous observons des objets de notre expérience quotidienne, le processus physique qui rend possible l'observation ne joue qu'un rôle secondaire. Mais dans le cas des briques de construction les plus petites de la matière, tout processus d'observation produit une grosse perturbation ; on ne peut donc plus parler du comportement de la particule indépendamment du processus d'observation. Cela a pour conséquence que les lois de la nature que nous formulons mathématiquement dans la théorie quantique ne renvoient plus aux particules élémentaires en elles-mêmes, mais *à la connaissance que nous en avons* ». Mais cette limitation à l'ordre du phénoménal marque en même temps, pour Heisenberg, une *seconde transformation* de la position à l'égard de la nature. Car elle ne se réduit ni à une simple transformation du formalisme mathématique de la science de la nature, ni à une simple extension de ses champs d'objets (comme cela se produit au XIXe siècle avec la théorie de la chaleur : nouveau formalisme et nouveau champ d'objets), ni même à une simple modification de sa méthode (comme cela se produit avec la thermodynamique et la mécanique statistique). Ce qui change ici, selon Heisenberg, est l'idée que la « nature » constituerait une totalité indépendante de nous, composée d'objets individués (Pauli parlera de passage de « l'individuel » à « l'événement ») et proposée à notre connaissance comprise comme *regard*. À cette idée se substitue celle que nous sommes toujours déjà pris dans une série de processus, en partie induits par notre présence, et que, même en physique, nous ne faisons qu'observer les résultats de notre *comportement* et de notre *action*. D'où la remarque finale de Heisenberg : « Les sciences de la nature présupposent toujours l'homme et, comme l'a dit Bohr, nous devons nous rendre compte que nous ne sommes pas spectateurs, mais acteurs dans le théâtre de la vie[1]. » De cette modification radicale de ce que nous entendons par « nature », on verra plus loin qu'elle est moins, aux yeux de Heisenberg, le coup d'envoi d'une crise philosophique que la possibilité inespérée de trouver une issue à la crise engendrée par l'évolution antérieure de la physique classique.

À ce point, le mouvement d'ensemble de l'histoire conceptuelle que retrace Heisenberg dans la première partie de sa conférence apparaît donc plus clairement. Le XVIIe siècle inaugure d'abord quelque chose de fondamentalement nouveau avec la formation de la science de la nature des Temps Modernes. Ce qui s'élabore ainsi est un certain idéal d'objectivité dont les conditions de possibilité sont dans l'évolution de la religion et la modification du concept de réalité ; progressivement, le nouvel idéal d'objectivité devient celui d'une science de la totalité, définissant selon un mode unifié certaines « connexions nomologiques » entre des objets spatio-temporels. Une telle conception scelle la *Gottlosigkeit*, mais elle prépare aussi l'autonomisation croissante de la nature définie comme l'ensemble des objets de la science mathématique et la perte du sol de l'expérience immédiate. Le XIXe siècle fixe et rigidifie cette conception en assurant le triomphe de l'étant spatio-temporel et causal, représenté sous la figure de l'atome et identifié à la réalité objective ultime. Puis il se produit au XXe siècle, avec la physique contemporaine, une nouvelle transformation fondamentale dans la *Stellung zur Natur*, qui se

1. P. 127 : « *Die Naturwissenschaft setzt den Menschen immer schon voraus, und wir müssen uns, wie Bohr es ausgedrückt hat, dessen bewusst werden, dass wir nicht Zuschauer, sondern stets auch Mitspielende im Schauspiel des Lebens sind.* »

marque par le passage du privilège de l'étant à celui du processus et de l'événement. Dès lors l'homme n'est plus spectateur, mais acteur, et la science de la nature présuppose l'homme.

SCIENCE DE LA NATURE XVIIe - DÉBUT DU XXe SIÈCLE.

NATURE (1re MUTATION) :

Pensée comme indépendante de Dieu et indépendante de l'homme. Objet pour la science et pour l'art. Connaissance conçue comme regard.

Sens du mot « nature » :

Concept collectif pour tous les domaines de l'expérience auxquels l'homme a accès par la science et la technique.

Perte du sol de l'expérience immédiate.

Conception de la « science de la nature » :

Comme science de la totalité des phénomènes fondée sur la considération d'un étant véritable ultime, figuré par l'atome.

Comme description d'un mode unifié de l'événementiel qui englobe tous les processus de la nature et qui évolue de façon objective dans l'espace et le temps indépendamment de toute observation.

NATURE (2e MUTATION) :

Modification du statut de l'observation et de la mesure. « Nature » comme ensemble des événements produits par l'interaction avec les instruments de mesure. « Science de la nature » comme science de notre connaissance de ces événements.

Connaissance pensée comme comportement et action.

Technique : de la technique
comme présupposition/conséquence
de la science à la technique
comme processus « biologique » autonomisé
et mondial.

Dans la seconde partie de sa conférence, Heisenberg décrit ensuite une évolution exactement semblable du statut de la technique. Le texte de cette seconde partie est sensiblement plus court, ce qui confirme peut-être que Heisenberg hésite en 1953 à traiter de la question de la technique sur laquelle il estime n'avoir pas autant réfléchi que sur ce qui concerne la naissance de la science moderne de la nature. Même si les remarques de Heisenberg sur la transformation de la technique sont relativement brèves, elles ont cependant un sens clair : il s'agit de rendre visible une évolution parallèle de la technique, évolution qui conduit *à un oubli de l'expérience immédiate*.

PREMIER MOMENT : LE DÉVELOPPEMENT DE LA TECHNIQUE DANS LES TEMPS MODERNES. Le *premier moment* de l'argument consiste ici à montrer qu'au cours des « deux derniers siècles », le développement de la technique a été constamment imbriqué dans celui de la science mathématique : « la technique a en effet toujours été la présupposition et la conséquence des sciences de la nature[1]. » La *présupposition* (*Vorausset-*

1. P. 128.

zung), parce que les sciences ne pouvaient s'étendre et conquérir des champs d'objets nouveaux que par « un perfectionnement des moyens d'observation » (conformément à la thèse constante de Bohr selon laquelle les régions d'expérience sont d'abord déterminées par des modes d'observation). Ainsi la longue-vue, le microscope, les rayons de Röntgen marquent une triple conquête de l'invisible, dans le ciel, dans le corps, et dans la partie du spectre qui nous échappe. Mais aussi la conséquence (*Folge*), parce que « l'exploitation technique des forces naturelles ne devient généralement possible que grâce à une connaissance approfondie dans le domaine de l'expérience concerné ». Ainsi, au XVIIIe et au début du XIXe, la technique est avant tout une exploitation des connaissances de la mécanique — machines à tisser, filer, forger, etc. Elle apparaît donc encore en continuité avec les « vieux métiers » et « l'ancien artisanat » : elle est encore « compréhensible ». La machine à vapeur elle-même ne change rien à cette situation de principe, elle augmente seulement de façon immense la possibilité de remplacer le travail manuel.

DEUXIÈME MOMENT : LA PERTE DU SENS ORIGINEL DE LA TECHNIQUE. Que se passe-t-il, pourtant, au cours de l'évolution ultérieure ? Dans un *deuxième moment*, Heisenberg note qu'au cours de la seconde moitié du XIXe siècle il se produit une « *transformation décisive du caractère de la technique* » avec le développement de l'électrotechnique[1]. La transformation est décisive en ceci que l'on ne peut plus parler « d'un *rapport*

1. P. 129.

immédiat avec les vieux métiers » : une rupture se produit avec l'expérience directe. Du fait de cette rupture, la technique commence à devenir « effrayante », ou du moins « incompréhensible ». Elle renvoie à « un domaine de la nature qui reste inconnu pour nous ». Par exemple, « regarder l'intérieur d'un appareil électrique compliqué nous est parfois aussi pénible qu'assister à une opération chirurgicale[1] ». Que veut dire Heisenberg sous l'apparence de cette boutade ? Ceci, que l'appareil technique devient comme un *autre corps*, de constitution différente de la nôtre : il s'autonomise donc, et ne nous apparaît plus comme le résultat de notre action. La technique de l'atome ne fait ensuite qu'amplifier encore ce processus : « il s'agit uniquement de l'exploitation de forces de la nature qu'aucune expérience du monde naturel n'a rendues accessibles ». Le phénomène fondamental est donc de nouveau *la perte de notre expérience originaire de la nature*. Mais il se produit ici un autre phénomène de manière concomitante. Ces « autres corps » que sont les appareils techniques n'appartiennent en effet ni au monde de la nature, ni au monde humain. Ils n'appartiennent pas au monde de la nature, malgré la familiarité que nous en avons : car le fait que le monde technique nous environne de toutes parts, qu'il soit devenu pour nous un monde ambiant (*Umwelt*), ne le rapproche pas pour autant de ce qu'était pour nous la nature — la familiarité récente que nous avons acquise avec le monde technique qui nous entoure n'en fait pas quelque chose qui puisse correspondre à ce que nous visons comme nature « au sens originel

1. P. 130.

du mot». D'autre part, les objets techniques n'appartiennent pas non plus au monde humain parce qu'ils ne sont plus perçus comme les produits de notre travail. Ce qui se passe est en réalité tout autre chose : les objets techniques deviennent comme des parties de l'organisme humain. Nous nous mouvons avec des objets techniques sur nous, voire en nous, comme l'escargot avec sa coquille : « Dans l'avenir, les nombreux appareils techniques seront peut-être aussi inséparables de l'homme que la coquille, de l'escargot ou la toile, de l'araignée. *Mais même en ce cas ces appareils seraient des parties de l'organisme humain, plutôt que des parties de la nature environnante*[1] ». Dès lors, il ne faut pas s'étonner de voir apparaître ici, dans le texte de Heisenberg, une métaphore biologique — quoique sous une forme tout à fait étrange.

TROISIÈME MOMENT : LA TECHNIQUE COMME « PROCESSUS BIOLOGIQUE » PLANÉTAIRE. À cette étape de son raisonnement, Heisenberg définit en effet un *troisième moment* de l'évolution de la technique : le moment où la technique devient un processus biologique à grande échelle : « la technique n'apparaît presque plus comme le produit d'efforts conscients humains en vue d'augmenter la puissance matérielle ; elle apparaît plutôt comme un événement biologique (*ein biologischer Vorgang*) à grande échelle au cours duquel les structures internes de l'organisme humain sont transportées de plus en plus dans le monde environnant (*Umwelt*) de l'homme ; c'est donc un processus biologique qui, par sa nature même, se trouve

1. *Ibid.*

soustrait au contrôle de l'homme » ; car « même si l'homme peut faire ce qu'il veut, il ne peut pas vouloir ce qu'il veut (*der Mensch kann zwar tun, was er will, aber er kann nicht wollen, was er will*)[1] ». Deux points sont ici essentiels à comprendre. Le premier est que la technique transpose les structures internes de l'organisme humain dans l'*Umwelt* : « Pas à pas elle avance dans des domaines nouveaux, transforme sous nos yeux le monde environnant, et le marque du sceau humain[2]. » En d'autres termes, nous sommes parvenus à projeter nos techniques avec une telle efficacité que ce sont elles désormais qui *constituent* notre *Umwelt*. Nous réduisons le monde, non plus seulement à nos représentations, mais à la production des effets dont nous avons besoin. Mais d'autre part, ce processus n'est presque plus conscient. Cela revient à dire que la finalité traditionnelle de l'entreprise technique — que Heisenberg définit comme la volonté de redoubler l'ambition de la science théorique et de démontrer que « savoir, c'est pouvoir » (*Wissen ist Macht*) — s'efface progressivement. En réalité, dans cette ultime étape de son développement, on ne peut plus considérer le processus technique comme « une partie d'un plan conscient élaboré en vue d'une fin[3] ». Si l'on est donc toujours et plus que jamais dans l'idéal de la maîtrise (*Herrschaft*), cet idéal n'est plus ni voulu ni contrôlé. Le processus s'est autonomisé et il se déploie à grande échelle, c'est-à-dire sur *toute la terre*[4].

1. P. 131-132.
2. P. 131.
3. P. 131.
4. Pour expliquer ce que veut dire ici l'expression de « processus biologique », il faut se reporter à certains passages du manuscrit de 1942 :

L'argument de Heisenberg au sujet de l'évolution de la technique peut alors être résumé de la façon suivante. Pendant la période qui va du XVIIe siècle au début du XXe, la technique se développe dans une relation d'imbrication étroite avec la science et elle est, dans un premier temps, perçue comme étant encore en rapport immédiat avec notre expérience. Mais à partir du XIXe siècle, la technique s'autonomise, il devient impossible de la rapporter directement à notre action, et elle n'a donc plus le sens d'une relation à la nature. Corrélativement elle devient incompréhensible, car c'est un langage qui n'est plus lié à un comportement. On observe donc, s'agissant de la technique, le *même processus que s'agissant de la science de la nature : une perte du sol de l'expérience immédiate.* De même que la nature, pensée comme indépendante de Dieu, posée là en face de moi, comme objet de mon regard, s'était autonomisée au point de s'identifier à l'ensemble des objets de la science mathématique, au prix

Heisenberg y emploie l'expression de processus biologique pour parler de processus qui, avant tout, échappent à la volonté consciente, donnent l'illusion de la liberté (de même que l'on a, dit-il, l'illusion d'accomplir des actes libres alors que ces actes sont déterminés par les « connexions biologiques » qui nous constituent), et jouent un rôle décisif dans la constitution des groupes humains et des événements politiques. Une classe étendue de phénomènes sociaux peuvent ainsi être rapportés à l'instinct animal, et notamment les guerres, qui sortent de toute sphère logique. Un autre caractère important de ces processus biologiques est qu'ils tendent vers un nouvel équilibre organique — par exemple, dans le cas de la Seconde Guerre mondiale, Heisenberg écrit en 1942 que le processus tend sans doute vers la disparition des nations et vers la « mondialisation » (*Philosophie, op. cit.*, note 7, p. 370). Enfin, il faut noter qu'il s'agit là de quelque chose qui vient à Heisenberg de Burckhardt, ainsi sans doute que de l'analyse que fait Nietzsche du « ne pas vouloir (consciemment) ce qu'on veut ».

de la perte de toute conscience de l'intervention décisive de l'homme dans la mesure, de même la technique a cessé d'être comprise comme le produit de notre travail, une médiation avec la nature, une activité productrice de sens — y compris dans l'idéal de maîtrise — pour s'autonomiser au point de s'identifier à l'*Umwelt* lui-même. En d'autres termes, le processus fondamental est, dans les deux cas, celui de la *perte de l'activité donatrice de sens* et de l'illusion à laquelle conduit cette perte : celle d'une science de la totalité du réel et celle d'une maîtrise de la totalité de la terre. Toutefois, ici, Heisenberg ne mentionne aucun « quatrième moment » : la crise reste ouverte.

TECHNIQUE : 1re MUTATION :
Imbrication avec la science théorique.
Perte du rapport à l'expérience immédiate.
Processus « biologique » planétaire.
(TECHNIQUE : 2e MUTATION ?)

La « situation absolument nouvelle » et le « danger ».

La troisième partie de la conférence de Heisenberg commence avec une petite histoire chinoise, dont le but est de montrer que la technophobie ne date pas d'aujourd'hui. Cela permet à Heisenberg de récuser l'idée qu'il faudrait chercher dans l'ère de la technique la source des crises de l'époque : « On a souvent dit que la profonde transformation que l'ère de la technique apporte à notre monde environnant et à notre mode de vie a également, et de façon dangereuse, modifié notre pensée, et qu'il faut y chercher la source des crises qui ébranlent notre temps et qui se font sentir, par exemple, aussi dans l'art moderne[1]. » En réalité, note Heisenberg, cet argument est aussi vieux que la civilisation elle-même, et il est possible de lui objecter deux choses : l'une est que la technique, en deux mille ans, n'a pas tué l'innocence de l'âme ; l'autre est qu'il demeure indubitable que l'espèce humaine s'est élevée grâce aux outils. Ce n'est donc pas à la technique elle-même qu'il faut imputer la perte de « la conscience des connexions » ; pour comprendre cette perte, il faut analyser la « situation absolument nouvelle » dans laquelle nous nous trouvons, qui n'a guère d'analogue dans l'histoire.

PREMIER MOMENT : LA MODIFICATION « DES FONDEMENTS DE NOTRE EXISTENCE ». Le *premier moment* de l'argument consiste ici à revenir à la remarque du début de la conférence selon laquelle les modifications des fondements de la science de la nature ne sont que le symptôme de changements dans les fondements de notre existence, changements qui ont des effets dans tous les domaines de la vie. La question devient donc : qu'est-ce qui a changé dans les fondements de notre existence ? À cette question, Heisenberg propose de répondre en disant que « *pour la première fois au cours de l'histoire, l'homme se trouve seul avec lui-même sur cette terre, sans partenaire ni adversaire*[2] ». Cet énoncé constitue la thèse centrale de la troisième partie du texte : l'homme est partout sur la terre, et

1. P. 133.
2. P. 136 : « ... *dass zum erstenmal im Laufe der Geschichte der Mensch auf dieser Erde nur noch sich selbst gegenübersteht, dass er keine anderen Partner oder Gegner mehr findet* ».

donc il est seul[1]. Pour expliquer ce qu'il veut dire, Heisenberg se situe sur trois registres successifs.

1. Dire que l'homme se retrouve seul avec lui-même est d'abord une vérité banale s'agissant de la lutte contre les dangers extérieurs : le visage du danger a changé, ce n'est plus celui de la bête sauvage, de la maladie, de la faim et du froid, mais c'est celui de l'homme lui-même[2].

2. En un sens plus vaste, la solitude de l'homme à l'ère de la technique signifie aussi que nous ne faisons plus l'expérience réelle de l'altérité. Cette expérience de l'altérité, nous la faisions couramment lorsque la nature était encore un monde qui vivait selon des lois propres : nous la faisions dans la vie quotidienne, dans le travail, dans le rapport au paysage, etc. Mais aujourd'hui nous ne rencontrons plus, dans la nourriture, dans les instruments et les paysages, que des structures que nous avons introduites nous-mêmes.

3. Enfin, troisième registre : cette situation vient au jour de la manière la plus claire, selon Heisenberg, dans la physique contemporaine. Faisant à ce point

1. Pour en saisir la teneur, du moins du point de vue de Heidegger lorsqu'il écoute Heisenberg, on peut rappeler que la structure ontologique fondamentale du *Dasein* selon Heidegger — quand il détermine l'idée d'une herméneutique de la facticité, au début des années 1920 — est une structure ternaire *Selbstwelt/Mitwelt/Umwelt*. Or, ce que dit Heisenberg est ici que l'*Umwelt* a été absorbé par la technique comprise comme prolongement de l'organisme humain ; si l'on ajoute (comme Heisenberg le notera plus loin) que, dans ce processus, c'est le rapport même à l'altérité qui se trouve également technicisé, et l'altérité phagocytée, alors on voit que l'évolution ne laisse de la structure que le *Selbstwelt* : le rapport à soi — et, par extension, l'homme seul avec lui-même. En 1953, toutefois, Heidegger interprète cette situation dans la problématique de l'histoire de l'être (voir plus loin, p. 108).

2. P. 136.

retour sur le *quatrième moment de la première partie de sa conférence*, Heisenberg fait remarquer qu'en physique nous n'avons plus affaire à des éléments que nous pourrions considérer comme des choses en soi, mais à notre *connaissance* des atomes et de leur mouvement. Nous sommes donc dès l'abord dans une confrontation, une « explication » (*Auseinandersetzung*) entre l'homme et la nature, de sorte que la « situation absolument nouvelle » de la connaissance physique est que nous ne pouvons plus y maintenir la fiction dualiste du sujet et de l'objet : « La division conventionnelle du monde en sujet et objet, en monde intérieur et en monde extérieur, en corps et âme, ne peut plus s'appliquer et soulève des difficultés. Pour les sciences de la nature également, l'objet de la recherche n'est donc plus la nature en soi, mais la nature livrée à l'interrogation (*Fragestellung*) humaine, et dans cette mesure l'homme, de nouveau, ne rencontre ici que lui-même[1]. »

La thèse selon laquelle l'homme est aujourd'hui seul avec lui-même sur cette terre se trouve ainsi explicitée trois fois : la figure du danger le plus grave est désormais celle de l'autre homme, la nature ne nous permet plus de faire l'expérience de l'altérité parce que nous l'avons envahie, et la science ne peut plus maintenir la fiction d'une réalité objective indépendante. Heisenberg conclut que la tâche propre à notre époque est de trouver un accommodement avec cette situation nouvelle dans tous les domaines de la vie. La question devient donc : *quel chemin prendre ?* Or, si l'on sait, dit Heisenberg, que ce chemin sera

1. P. 137.

long et pénible, l'on peut cependant trouver des indices (*Anzeichen*) au sujet de la direction à prendre en revenant une nouvelle fois sur la situation de la physique.

DEUXIÈME MOMENT : LE RENONCEMENT À L'IDÉAL D'UNE SCIENCE DE LA TOTALITÉ DE L'UNIVERS. Que seraient de tels indices, délivrés par l'analyse de la situation de la physique ? Le principe général du long développement qui suit[1] est que la physique du XXe siècle n'apparaît plus comme « l'image de la nature », mais comme « une image de nos rapports avec la nature ». Double restriction — il s'agit de notre *interaction* avec la nature, et il ne s'agit que *d'une image parmi d'autres* —, qui signale un double renoncement : à l'hypothèse galiléenne d'une nature objective, inexorable et immuable, et à l'hypothèse que la science de la nature, la physique, serait la théorie privilégiée de la réalité. De ce double renoncement, Heisenberg donne, dans le même paragraphe, d'autres formulations tout aussi fortes : il parle de la fin de la division (*Unterscheidung*) cartésienne entre *res extensa* et *res cogitans*, de la fin de l'idée d'une science spectatrice de la nature, et il affirme que la méthode transforme son objet et ne peut donc plus s'en séparer. Rien de nouveau dans tout cela pour le Heisenberg de 1953 : de telles formulations, ainsi que la thèse générale elle-même, apparaissaient en effet déjà dans la Conférence Nobel de 1932 et dans l'article de 1934 sur les modifications des fondements des sciences de la nature. L'article de 1934 soute-

1. P. 138-142.

nait en particulier l'idée que l'image scientifique du monde du XIXe siècle, si rationaliste d'apparence, était irrationnelle en ceci qu'elle prétendait ouvrir à une compréhension de la diversité infinie du monde et de la totalité de la réalité à partir de l'analyse d'une seule des régions du monde, celle de la mécanique ; Heisenberg proposait en outre dans cet article une définition de la physique classique comme « objectivation de la chose », définition que Heidegger reprendra dans son cours de 1935-1936 sur les questions fondamentales de la métaphysique.

Rien de nouveau, donc. Mais le point essentiel dans le texte de 1953 est l'idée que le développement de la science de la nature a rendu nécessaire de renoncer à l'idéal d'une science de la totalité de la réalité, idéal qui ne se soutenait que grâce à l'échafaudage de la métaphysique moderne[1]. Parmi les arguments apportés en faveur de cette thèse, il faut noter celui qui concerne le concept de *vérité scientifique*. Il existe, dit Heisenberg, deux caractères de la vérité scientifique. Le premier est que la vérité scientifique est quelque chose qui s'entretient : elle se nourrit de la résolution constante de quantités de problèmes de détail, problèmes « de métier », que Heisenberg compare à ceux des sculpteurs du Moyen Âge quand ils devaient déterminer comment représenter les plis d'un vête-

1. Heisenberg ne présente donc pas la mécanique quantique comme une théorie universelle (comme les physiciens ont eu tendance à le faire ensuite), et il ne soutient aucune « *end of the road thesis* ». La mécanique quantique apparaît comme une « théorie close » parmi d'autres. Son émergence a précisément pour signification de mettre en question l'illusion d'une science universelle et nécessaire associée à l'idéal de maîtrise, c'est-à-dire à l'ambition de produire la théorie de la totalité du réel.

ment. Le second est ensuite que l'on accède à la vérité en science dès lors que l'on comprend qu'il n'y a jamais de solutions définitives que pour des domaines d'expérience rigoureusement limités, tels que le domaine d'objets de la mécanique newtonienne, ou celui de l'électromagnétisme, etc. : « Le terme "définitif", appliqué aux sciences exactes de la nature, signifie donc évidemment qu'il existe toujours des systèmes de concepts et de lois qui forment une totalité close et sont mathématiquement formulables [...]. On ne peut naturellement espérer que ces concepts et ces lois soient aptes à représenter par la suite de nouveaux domaines de l'expérience[1]. » Le second caractère de la vérité scientifique est ainsi que chaque système de concepts y est rapporté à la région d'expérience qu'il ordonne et que la signification du mot « comprendre » (*Verstehen*) y est laissée ouverte[2]. À titre de corollaire, Heisenberg ajoute que, si la science de la nature n'est plus concevable comme la théorie de la totalité du réel, alors il n'est plus possible non plus de fonder sur la connaissance scientifique un ensemble de croyances (*Glaubensbekenntnisse*) susceptibles d'orienter la vie : la science n'est plus, en aucune manière, un guide possible pour la vie et la morale. Il y a là une disjonction chirurgicale avec la pensée des Lumières, qu'il est essentiel de rapprocher de l'hypothèse de la planétarisation de la technique : ce n'est plus du progrès qu'il s'agit et le discours qui oppose bonne et mauvaise technique est irrémédiablement périmé. Pour Heisenberg, ni la

1. P. 140.
2. P. 141.

science ni la technique ne sont plus productrices de valeurs.

Mais si l'on reconnaît que la vérité en science présente ces deux caractères — être quelque chose qui s'entretient et relever de la construction locale de systèmes de concepts —, alors, note Heisenberg, l'on accède peut-être à une solution de la crise dans les sciences de la nature : car « nous pouvons nous accommoder d'un état de la connaissance où l'objectivation de la nature n'est plus possible, mais où, pourtant, nous pouvons établir nos rapports avec elle[1] ». Comment ?

TROISIÈME MOMENT : LE PROBLÈME DU BATEAU SOLIPSISTE. Récapitulons : la « situation absolument nouvelle » dans laquelle nous nous trouvons est caractérisée, pour Heisenberg, par le fait que l'homme ne rencontre plus sur terre que lui-même, que ce soit dans la vie quotidienne, dans un monde ambiant absorbé par la technique planétaire, ou à l'intérieur même de la science. Or, que s'est-il passé dans le domaine de la science de la nature ? Le développement interne de la physique a imposé la reconnaissance d'une limite de principe à l'objectivation, et par là même a conduit à mettre en question l'idéal classique d'une théorie de la totalité du réel — idéal dont on sait que Heisenberg l'estime irrationnel parce qu'il exprime un désir de maîtrise fondé sur l'analyse d'une seule région de l'expérience.

Est-il alors concevable que cette évolution permette d'interpréter également l'évolution parallèle de la technique, et, au-delà, la signification de cette modifi-

1. P. 141-142.

cation des fondements de notre manière d'être dans le monde? C'est précisément cette hypothèse que suggère la toute dernière partie du texte, en cinq remarques successives[1]. *Première remarque* : c'est la *situation même de la technique* qui impose une limite à l'espoir d'un progrès indéfini qui serait obtenu par l'augmentation du pouvoir de l'homme. On a ici en filigrane une comparaison entre la planétarisation de la technique et le scientisme propre au « matérialisme du XIXe siècle » : Heisenberg suggère que, dans le premier cas comme dans le second, la logique *interne* du développement conduit à un effondrement de l'espoir originaire dans un progrès indéfini. *Seconde remarque* : la crise qui s'ouvre ainsi est une *crise de perte d'orientation*. C'est bien ce que signifie la métaphore spectaculaire du bateau, adaptation moderne d'un *locus communis* dans la philosophie grecque : « L'humanité se trouve dans la situation d'un capitaine dont le bateau serait construit avec une si grande quantité d'acier et de fer que la boussole de son compas, au lieu d'indiquer le nord, ne s'orienterait que vers la masse de fer du bateau. Un tel bateau n'arriverait plus nulle part ; livré au vent et au courant, tout ce qu'il peut faire, c'est de tourner en rond[2]. » Perte de capacité à s'orienter[3]. *Troisième remarque* : la phy-

1. P. 143-144.
2. P. 143.
3. Dans le manuscrit de 1942, Heisenberg définit la plus haute valeur de la connaissance en général, qu'il s'agisse de science ou d'art, par le fait que cette connaissance permet de s'orienter, de trouver un chemin. La notion de « crise d'orientation » était souvent invoquée au tournant de 1950 dans différents contextes ; cf. par exemple H. Sedlmeier, parlant de « Verlust der Mitte » à propos de l'art (je remercie H. Rechenberg pour sa remarque sur ce point).

sique contemporaine a montré que *lorsque le danger était compris, il était déjà à moitié écarté*. Ainsi, « le danger existe tant que le capitaine ignore que son compas ne réagit plus à la force magnétique de la terre. Au moment où il le comprend, le danger est déjà à moitié écarté. Car le capitaine qui, ne désirant pas tourner en rond, veut atteindre un but connu ou inconnu, trouvera moyen de diriger son bateau, soit en utilisant de nouveaux compas modernes qui ne réagissent pas à la masse de fer du bateau, soit en s'orientant par les étoiles comme on le faisait autrefois[1] ». En d'autres termes, nous tournons en rond tant que les instruments au moyen desquels nous tentons de nous orienter ne nous ramènent qu'à nous-mêmes. Mais « la prise de conscience des limites de l'espoir qu'exprime la croyance au progrès contient le désir de ne pas tourner en rond, mais d'atteindre un but », en changeant d'instruments et en renonçant aux buts antérieurs. C'est donc ici la limite même qui « devient le premier point fixe qui permet une orientation nouvelle ». Dès lors, *quatrième remarque*, il faut désormais reconnaître pleinement le fait que l'idéal de maîtrise a atteint la totalité de ses possibilités et prendre cet achèvement comme point de départ en développant *de nouvelles dimensions de l'activité intellectuelle* : « l'espace dans lequel l'homme se développe en tant qu'être intellectuel (*geistiges Wesen*) a plus de dimensions que celle-là seule où son activité s'est déployée au cours des derniers siècles ». Enfin, *dernière remarque* : « Après de longues périodes, l'acceptation consciente de ces limites conduira à une

1. P. 143-144.

certaine stabilisation où les connaissances et les forces créatrices de l'homme s'ordonneront d'elles-mêmes autour d'un centre commun.» L'évolution normale d'un processus biologique est la constitution d'un nouvel équilibre organique : ici, la stabilisation autour d'un centre.

La situation «absolument nouvelle» dans laquelle nous nous trouvons est ainsi une situation où la technique a atteint les limites de son développement possible, non pas du point de vue quantitatif, mais *du point de vue du sens*. D'où la perte d'orientation, et une sorte de solipsisme désespéré, auquel Heisenberg oppose la nécessité d'une mutation de pensée, d'un changement de perspective, analogues à ceux dont il a fait l'expérience avec la physique : admettre le caractère irréductible de la limite, et changer de concepts. L'hypothèse est que l'issue de la crise consiste à admettre ce caractère irréductible de la limite, et à modifier fondamentalement le mode de pensée hérité des trois derniers siècles en développant d'autres dimensions de l'activité intellectuelle — en ordonnant la réalité d'une autre manière. On trouvait déjà une conclusion analogue à la fin du manuscrit de 1942 : la crise est une crise du sens et ne pourra se résoudre que par un changement dans les critères de valeurs[1].

CONCLUSION. L'argument de la conférence de 1953 est ainsi essentiellement étayé sur la réflexion philosophique de Heisenberg dans les années 1930-1940.

1. Dans le manuscrit de 1942, Heisenberg accorde une importance essentielle au processus de décision concernant les valeurs ; voir *Philosophie, op. cit.*, p. 199.

BIBLIOTHEQUE UNIVERSITE HAUTE ALSACE MULHOUSE

La question qui ouvre le texte est, sans doute, une question imposée par les débats de l'après-guerre : celle de savoir comment comprendre la situation nouvelle de la technique, et comment résoudre la crise — « l'incertitude dans les mouvements de l'esprit » — engendrée par cette situation. Mais en suivant le détail de la progression du texte, on aperçoit graduellement la complexité de l'argumentation de Heisenberg. Cette argumentation se développe en apparence en trois temps juxtaposés : 1) l'analyse de l'évolution de la « position de l'homme à l'égard de la nature » selon le fil directeur de la physique ; 2) la même analyse, selon le fil directeur de la technique ; 3) l'analyse de la « crise ». Toutefois, tout au long de sa conférence, le point essentiel que Heisenberg s'efforce de faire apparaître est le suivant : s'agissant de la science de la nature comme de la technique, il s'est produit pendant notre histoire un même processus de perte du sol de l'expérience immédiate, et par là même de perte du sens. Cette perte du sens culmine avec la double illusion de maîtrise (*Herrschaft*) dans laquelle s'abîment les XIXe et XXe siècles, celle d'une science de la totalité du réel et celle d'une technique contrôlant toute la Terre. C'est cette illusion de maîtrise qui, paradoxalement, engendre « l'incertitude dans les mouvements de l'esprit » : l'homme seul avec lui-même est privé d'orientation. Or, faisant ici retour sur le premier temps de l'analyse — l'évolution de la science de la nature —, Heisenberg suggère pour finir que la modification des fondements de la physique qui s'est produite au XXe siècle permet précisément de comprendre pourquoi il est nécessaire de soumettre à la critique ce qui était le plus tacitement admis et présupposé :

l'idéal de maîtrise lui-même. L'expérience faite dans le domaine de la science ouvre ainsi, à ses yeux, la possibilité d'une solution de la crise de la technique : celle qui consiste à reconnaître l'existence d'une limite infranchissable, puis à s'efforcer de créer de nouveaux critères de valeur. On a donc là, au début des années 1950 et s'agissant de la « crise de la technique », la transposition de tout le travail opéré antérieurement par Heisenberg à propos de la compréhension de la place occupée par la physique contemporaine dans l'histoire de la philosophie.

La confrontation avec Heidegger

Comme on l'a dit plus haut, Heidegger donne le lendemain, au même endroit, devant le même auditoire, sur la même question, et dans une confrontation explicite que signalent ses références directes ou indirectes à l'exposé de Heisenberg, la conférence aujourd'hui très célèbre qui sera publiée sous le titre de « Die Frage nach der Technik ». Entre le texte de Heidegger et celui de Heisenberg, il existe certaines ressemblances, mais aussi une différence essentielle.

Pour comprendre en quoi consistent ces ressemblances et cette différence, il faut d'abord situer brièvement le texte prononcé par Heidegger en 1953. La conférence « Die Frage nach der Technik » s'insère dans un ensemble d'écrits qui concernent le problème de la science et de la technique ; elle est notamment le prolongement direct d'un exposé donné par Heidegger à Brême en 1949 sous le titre « Das Gestell », ainsi que du cours de 1951-1952 qui sera publié sous le titre de

Was heisst denken? (*Qu'appelle-t-on penser?*). Ce cours contient un certain nombre de prises de position qui ont déterminé l'image d'Épinal d'un Heidegger viscéralement opposé à la science. À tort, dans une large mesure : en réalité, Heidegger y précise très explicitement qu'il ne parle pas contre les sciences, mais au contraire pour elles, c'est-à-dire pour élucider leur essence, et qu'il y a là « déjà la conviction que les sciences sont quelque chose de positivement essentiel[1] ». D'autre part l'intérêt de Heidegger pour les sciences est constant dans son œuvre, comme en témoignent la Leçon d'habilitation de 1915 (dont la première partie porte sur le concept de temps en physique), la décision initiale d'écrire, comme Husserl, une Thèse sur le concept de nombre, la rédaction du Cours de 1925 sur l'histoire du concept de temps, celle de la longue section du Cours de 1935-1936 sur Galilée, Newton, Descartes, etc. Heidegger ne fait d'ailleurs en cela que suivre un mouvement général : la transformation de la logique, des mathématiques, de la physique et celle qui s'annonçait en biologie, sont alors l'occasion et le motif, pour les philosophes de cette époque, d'un réexamen radical de l'histoire du rationalisme et de la philosophie moderne. Mais, une fois accordé que la position de Heidegger sur les sciences mérite davantage qu'une caricature, il faut aussi reconnaître que le but des nombreux textes écrits par Heidegger est d'établir que, depuis le début des Temps Modernes et jusqu'à la mécanique quantique *incluse*, la science relève du domaine de la tech-

1. Voir M. Heidegger, *Qu'appelle-t-on penser?*, Paris, P.U.F., 1967, p. 87.

nique et n'appartient qu'à lui : l'essence de la science, *c'est* l'essence de la technique. Cela, non pas au sens où l'on dirait que la science est simplement de la technique, et rien d'autre ; car Heidegger ne cesse de répéter qu'il faut distinguer la technique et l'essence de la technique. La technique s'exhibe sous nos yeux sous la forme d'un nombre immense d'inventions et d'objets, elle se présente comme moyen en vue d'une fin. L'essence de la technique, elle, relève du projet : c'est une certaine attitude à l'égard de l'étant, c'est le projet de représenter les choses dans la constance de leur changement et dans la loi de leur évolution, c'est par là même une certaine interprétation de la causalité. Heidegger veut souligner ainsi que l'on n'accédera jamais à une compréhension de la technique moderne tant que l'on en restera à la conception instrumentale ou anthropologique de la technique comme moyen et comme activité humaine. La technique renvoie plutôt à une position à l'égard de l'étant qui a partie liée avec le projet métaphysique, et c'est pourquoi Heidegger y voit, non pas une science « appliquée », mais le projet fondamental qui est sous-jacent à la science elle-même depuis ses débuts modernes. C'est dans une telle perspective qu'il faut lire la conférence de 1953.

Pour résumer sommairement le contenu de ce que dit Heidegger dans son exposé de Munich, il est possible de distinguer cinq thèses successives. *Première thèse : « La technique n'est pas seulement un moyen, elle est un mode du dévoilement*[1] ». Cette thèse s'appuie sur une référence aux Grecs : chez les Grecs, dit

1. M. Heidegger, *Essais et conférences, op. cit.*, note 1, p. 16.

Heidegger, l'on n'a pas affaire au caractère simplement instrumental du rapport à l'étant ; ce n'est qu'ensuite que la doctrine aristotélicienne des quatre causes a été réduite à la *causa efficiens*. Les Grecs pensent plutôt le rapport à l'étant sous la forme du faire-venir, de l'amener au jour, du pro-duire (au sens de *producere*) : c'est ce qu'ils appellent la *poièsis* (*hervorbringen*). Les quatre causes jouent à l'intérieur de ce mode fondamental de dévoilement de l'étant par la *poièsis* — et le mot grec pour « dévoilement », *alèthéia*, veut dire vérité. Le lieu où se joue la question de la technique est donc celui où se joue aussi la question de la vérité. Originairement, la technique était pensée comme manière de faire venir l'étant au jour. Et c'est bien ce qu'elle est encore aujourd'hui ; mais la manière en question a totalement changé. *Deuxième thèse : la technique moderne est un dévoilement qui procède par la mise en demeure de la nature* : « Qu'est-ce que la technique moderne ? Elle aussi est un dévoilement. C'est seulement lorsque nous arrêtons notre regard sur ce trait fondamental que ce qu'il y a de nouveau dans la technique moderne se montre à nous. Le dévoilement, cependant, qui régit la technique moderne ne se déploie pas en pro-duction au sens de la *poièsis*. Le dévoilement qui régit la technique moderne est une pro-vocation (*herausfordern*), par laquelle la nature est mise en demeure de livrer une énergie qui puisse comme telle être extraite et accumulée[1]. » Comment comprendre cette « mise en demeure de la nature » ? Heidegger prend ici plusieurs exemples, notamment celui, célèbre, de la centrale

1. M. Heidegger, *Essais et conférences, op. cit.*, p. 20.

électrique du Rhin, la centrale dans laquelle le fleuve est « muré ». Mais le point essentiel est ceci : mettre la nature en demeure, c'est s'adresser aux choses (et à l'homme lui-même) comme « fonds » (*Bestand*), comme stock exploitable, et non plus même comme objet (*Gegenstand*). En d'autres termes, à l'époque contemporaine, la technique annule jusqu'à l'écart qui subsistait dans la période moderne grâce au face-à-face du sujet et de l'objet, elle annule tout écart en imposant la domination absolue et totale de l'« exploitation ». *Troisième thèse : ce qui provoque l'homme à dévoiler le réel comme fonds, ce qui donc est l'essence de la technique moderne, c'est, au-delà de l'homme, l'appel du* Gestell : « Cet appel pro-voquant qui rassemble l'homme autour de la tâche de commettre comme fonds ce qui se dévoile, nous l'appelons l'Arraisonnement (*Gestell*)[1]. » L'homme, ici, ne prend pas de décision : il obéit plutôt au « destin » (*Geschick*) : « Le *Gestell*, comme tout mode de dévoilement, est un envoi du destin[2] » et le destin est ce à partir de quoi la substance de toute histoire se détermine. Mais le paradoxe est que l'homme n'est nullement contraint dans cette affaire, et qu'il est même libre au sens où être libre, c'est savoir écouter le destin : « L'homme, justement, ne devient libre que pour

1. M. Heidegger, *Essais et conférences, op. cit.*, p. 26. Le mot *Gestell*, note Heidegger, est un mot tout à fait banal qui veut dire, par exemple, étagère, ou squelette. Cela désigne un objet d'utilité, échafaudé pour quelque chose. Mais par là même cela peut désigner une attitude dans laquelle l'on considère toutes choses comme un dispositif. — La plupart des traducteurs récents préfèrent rendre *Gestell* par « dispositif » plutôt que par « arraisonnement ».

2. M. Heidegger, *Essais et conférences, op. cit.*, p. 33.

autant qu'il est inclus dans le domaine du destin et qu'ainsi il devient un homme qui écoute, non un serf que l'on commande.» Résumons: «L'essence de la technique moderne réside dans le *Gestell* et celui-ci fait partie du destin du dévoilement[1]». *Quatrième thèse : cette essence de la technique moderne est ce qui permet la naissance de la science mathématique de la nature au* XVII*e siècle et elle se maintient intégralement dans la physique contemporaine*. En d'autres termes, il ne faut pas prendre en considération la simple chronologie. Sans doute la technique moderne ne se développe-t-elle qu'à partir du XVIIIe et surtout du XIXe siècle. Mais en réalité elle est déjà présente et sous-jacente dans le projet galiléen de soumettre toutes les choses de la nature à un calcul et à la causalité efficiente. D'autre part, la physique contemporaine renonce à beaucoup des présuppositions de la physique antérieure: «son domaine de représentation échappe à toute intuition» et elle abandonne le mode de représentation «exclusivement tourné vers les objets[2]»; mais il y a une chose à laquelle elle ne peut renoncer: «à savoir que la nature réponde à l'appel d'une manière quelconque, mais saisissable par le calcul et qu'elle puisse demeurer commise en tant que système d'informations. Ce système se détermine alors à partir d'une conception modifiée de la causalité». À ce point Heidegger note que, comme Heisenberg «l'a exposé d'une façon saisissante», la causalité se rétracte et les prétentions se modèrent. Mais il reste que rien ne change fondamentalement

1. *Ibid.*, p. 33 et 34.
2. *Ibid.*, p. 31.

pour autant. *Cinquième thèse : le Gestell contient pour notre époque le danger extrême. Mais, comme l'a dit Hölderlin, « là où il y a danger, là aussi croît ce qui sauve »*. Quant au danger, Heidegger rejoint ici le constat fait par Heisenberg — l'homme ne rencontre plus que lui-même — en y ajoutant cependant que, par là même, l'homme ne se rencontre même plus lui-même[1]. L'époque contemporaine est celle où l'homme perçoit tout sous la forme du dispositif et du fonds exploitable, y compris lui-même, et perd simultanément son être propre (*Wesen*). « L'arraisonnement nous masque l'éclat et la puissance de la vérité[2]. » Qu'est-ce qui peut alors nous « sauver » de ce danger ? Ici, Heidegger se livre à une longue digression poétique et étymologique, que l'on peut résumer en disant que « sauver » signifie « reconduire dans l'essence » et qu'il nous faut donc revenir au sens grec de la *technè* et du dévoilement comme *poièsis*[3], c'est-à-dire cesser de voir la technique comme un instrument, cesser de la penser en termes de morale, abandonner la volonté illusoire de maîtriser, se souvenir que chez les Grecs la *poièsis* des beaux-arts s'appelait aussi *technè* et que l'art y était non pas un objet de jouissance esthétique, ni un objet d'exploitation commerciale, mais un mode du dévoilement. D'où finalement la conclusion de Heidegger selon laquelle *l'explication décisive avec la technique, nous devons aujourd'hui la mener sur le terrain de l'art*.

Si sommaire soit-elle, cette lecture de la conférence

1. *Ibid.*, p. 36.
2. *Ibid.*, p. 37.
3. *Ibid.*, p. 40.

de Heidegger permet de mettre en évidence les ressemblances et la différence fondamentale qui existe alors entre Heidegger et Heisenberg sur la question de la technique. En quoi consistent d'abord les *ressemblances* ? Chez Heidegger comme chez Heisenberg, on trouve l'idée qu'il faut dégager la question de la technique de l'opinion courante selon laquelle il s'agirait de science appliquée, puis mettre en évidence l'autonomisation contemporaine de la sphère de la technique. Chez Heidegger comme chez Heisenberg, il s'agit de montrer qu'une telle autonomisation constitue *le* danger propre à notre époque, qu'il est illusoire d'espérer la maîtrise d'un tel processus et qu'il faut d'abord comprendre philosophiquement la modification radicale qu'il représente. Chez Heidegger comme chez Heisenberg, il s'agit aussi de suggérer que ce à quoi il faut renoncer, ici comme dans la science, est l'idéal de maîtrise qui s'était exprimé, en science, sous la forme de l'idéal d'une science de la totalité du réel, et dans la vie sous la forme de la croyance dans le progrès indéfini de la technique. Mais il y a cependant une *différence* très importante entre les deux textes de 1953. Car Heisenberg dit qu'il sera nécessaire de changer de valeurs, mais non pas, en aucune manière, de renoncer à la science ni d'accuser la technique : il faudra plutôt les comprendre l'une et l'autre dans un « espace à un plus grand nombre de dimensions » et forger un nouveau « concept de réalité ». De son côté, Heidegger dit *a contrario* que l'homme a peu de chose à voir là-dedans, qu'il s'agit du déploiement du « destin », que la liberté consiste à savoir écouter un tel « destin » et à revenir au sens grec des mots, ce qui veut dire retrouver le sens originel de l'art. Abandonner les idéaux de l'arraisonnement, Heidegger ne le propose *que* sur le fond de cette puissance du destin, et de l'appel de l'Être. C'est ici qu'il faut, sans doute, faire aujourd'hui un choix philosophique. Ce choix, s'agissant de la question de la technique, doit se situer à la hauteur à laquelle Heidegger situe son propos — même si l'on refuse catégoriquement d'adhérer à ce propos. En d'autres termes, le choix doit s'opérer quant à la question de savoir s'il existe une « histoire de l'être », question qui domine toute la pensée de Heidegger à partir de la *Kehre* (tournant) des années 1930. D'autre part, si la question de la technique, posée ainsi, exige une décision quant à celle de l'être, elle exige aussi une décision quant *à la philosophie de l'histoire et de l'action humaine.* L'histoire doit-elle être pensée comme ordonnée, de manière cachée, par le « destin », ou bien comme contingente ? L'action humaine est-elle déterminée par la structure de l'appel, ou bien y a-t-il là une simple projection opérée par l'individu pour renforcer à ses propres yeux la nécessité de son action ? Il est possible en ce sens de soutenir que l'histoire humaine est de fait dominée par la contingence, ne serait-ce qu'à cause de l'excès de complexité des rapports entre les entités qui la composent — selon l'hypothèse de Burckhardt, qui songeait à un modèle statistique —, mais que les actes des individus, conscients ou non, modifient l'ordre du monde et peuvent être dans cette mesure à l'origine de transformations historiques fondamentales. Questions qui, en dernière instance, se ramènent à celle que pose Heisenberg : comment change-t-on de valeurs ?

CONCLUSION

Il n'est plus possible de lire *La nature dans la physique contemporaine* comme on pouvait le faire en 1962 : le but de cette *Introduction* était avant tout de mettre ce point en évidence. Au lieu de voir dans les trois articles du recueil un exposé « populaire » général, hors histoire et explicatif, de la physique contemporaine écrit par l'un de ses représentants les plus célèbres, il faut changer de perspective et tenter de situer ces textes des années 1950 dans une réinterprétation du rapport de Heisenberg à la philosophie, et de l'évolution de ce rapport.

Le recueil de 1955 appartient à la seconde période de l'œuvre de Heisenberg. Cette seconde période se caractérise par plusieurs traits. D'une part Heisenberg a, depuis une dizaine d'années déjà, « clarifié pour [lui]-même les connexions entre [sa] science et les questions générales[1] », puisque l'essentiel du travail de réflexion philosophique associé à la construction de la mécanique quantique et à l'influence de Bohr s'est condensé dans la rédaction du manuscrit de 1942. D'autre part, pris à la fois dans un travail scientifique intense et dans les responsabilités d'un rôle culturel de premier plan, Heisenberg s'efforce toujours, à partir des années 1950, de maintenir dans ses interventions publiques un lien intrinsèque entre

1. Lettre de Heisenberg à F. Kraus du 10 février 1947 (*Heisenberg Archiv*), citée in W. Heisenberg, *Philosophie, op. cit.*, Avant-propos, p. 10.

ses idées physiques, la question qui fournit l'occasion de son intervention, et le projet philosophique formé au cours des années antérieures. Enfin, les oppositions qui se manifestent à l'égard de ce que l'on commence à appeler « l'Interprétation de Copenhague de la mécanique quantique » conduisent Heisenberg à estimer que la situation singulière qu'occupe la physique contemporaine dans l'histoire des sciences et de la philosophie n'est toujours pas comprise. Ces trois traits caractéristiques de la période de l'après-guerre font des textes écrits alors par Heisenberg des textes difficiles à lire, malgré leur apparente limpidité. Mais cette difficulté est redoublée par l'écran que constituent les opinions usuelles au sujet du rôle de la philosophie dans les écrits de Heisenberg : décalque d'un « positivisme » ambiant, adaptation à un « irrationalisme » à la mode, ou simple dilettantisme.

C'est pourquoi la première question qui se pose doit être celle d'une analyse précise des références et du projet philosophiques de Heisenberg. Cette analyse montre d'abord que Heisenberg prend ses références dans la culture humaniste qui lui a été donnée au Gymnasium, et dont il défendra la nécessité à de multiples reprises, et que la réflexion de Heisenberg s'organise autour de deux grands moments de l'histoire de la philosophie, dont il a une connaissance exacte : la philosophie grecque et le développement de la philosophie moderne entre Descartes et Kant. Mais des références, et surtout des références aussi classiques et aussi partagées par une époque, ne suffisent pas pour autant à déterminer une orientation philosophique. Peut-on trouver dans l'œuvre de Heisenberg, malgré son aspect à première vue foisonnant et kaléidoscopique, quelque chose comme une ligne directrice claire ? L'hypothèse faite ici est qu'une telle ligne directrice est en effet présente : Heisenberg (de même que W. Pauli) la reprend de Niels Bohr, et de ce point de vue la période qui va de 1925 à 1929 est décisive parce que c'est pendant cette période que la mise au premier plan des trois problèmes de l'objectivité, du statut du langage et de la division sujet-objet conduisent Heisenberg, Bohr et Pauli au projet commun de mettre en question les hypothèses fondamentales de la philosophie moderne, nées avec la physique mathématique au XVIIe siècle. Mais si Heisenberg reprend cette orientation de Bohr, il la développe aussi de manière personnelle : le manuscrit de 1942 témoigne amplement du fait que le projet de « réviser et élargir le monde-de-concepts classique » aboutit chez lui à une conception générale tout à fait claire de la transformation du concept de « réalité » et de ses conséquences pour une théorie de l'objet, du langage, et du sujet. On peut considérer que la rédaction de ce texte marque la fin de la première période de la réflexion de Heisenberg et forme la matrice de toutes ses interventions ultérieures.

Dès lors on peut montrer, sur le cas de la conférence de 1953 qui ouvre *La nature dans la physique contemporaine*, qu'il est impossible de comprendre les arguments de Heisenberg sans tenir compte de ses références et de son projet philosophiques. Le texte de 1953 est en effet davantage qu'une conférence de commande, ou même que l'occasion d'un dialogue public avec Heidegger. D'une part, Heisenberg y expose une conception personnelle et précise de l'histoire du concept de nature, de la première mutation que représente la science galiléenne à la perte du sol de l'expérience immédiate qui suit l'extension de la mécanique newtonienne, puis aux rigidités du scientisme du XIXe siècle, et enfin à la seconde mutation que représente l'apparition de la physique contemporaine. D'autre part, le centre de l'argument concernant la crise de la technique se trouve dans le quatrième moment de la première partie du texte, qui concerne précisément la signification philosophique qu'il faut donner au passage du phénomène comme étant au phénomène comme événement qui caractérise la physique quantique. Heisenberg trouve cette signification dans l'idée qu'il faut renoncer à une double illusion de maîtrise : celle d'une science de la totalité du réel, et celle d'un contrôle de toute la Terre par la technique. L'origine de la « crise » et de la perte de sens de l'époque contemporaine se trouve donc, pour Heisenberg, dans le maintien de la croyance tacite à l'idéal de la *Herrschaft*. Mais, en disant cela, il ne fait qu'appliquer à la question de la technique, dans les années 1950, une analyse que l'on trouve déjà, pour une part, dans son article de 1934 sur les modifications des fondements de la science de la nature, et pour une autre part dans le manuscrit de 1942.

Les textes réunis dans *La nature dans la physique contemporaine* ne prennent ainsi leur sens, d'un point de vue philosophique, qu'en regard de l'expérience de ce que Heisenberg appelle la « fabrication » et de la « compréhension » de la mécanique quantique dans les années 1920-1930. Du point de vue de l'histoire des idées, ils requièrent naturellement un autre genre de commentaire, puisqu'ils constituent aussi, comme on l'a dit au début, des interventions de Heisenberg dans certains des débats essentiels de l'après-guerre qui ont façonné la fin de ce siècle — interventions radicalement impuissantes, en l'occurrence, en ce qui concerne la question de l'éducation. Mais le seul but de cette *Introduction* était de proposer une perspective nouvelle, parmi d'autres possibles.

I

LA NATURE DANS LA PHYSIQUE CONTEMPORAINE

TRADUCTION DE A. E. LEROY

On s'est demandé si l'attitude de l'homme moderne à l'égard de la nature se distinguait si fondamentalement de celle d'autrefois que cela seul suffisait à constituer un point de départ entièrement différent pour tous nos rapports avec la nature, par exemple celui de l'artiste. L'attitude de notre temps à l'égard de la nature ne s'exprime guère, comme aux siècles passés, par une vaste philosophie de la nature ; elle est au contraire déterminée, dans une très large mesure, par les sciences de la nature et par la technique modernes. C'est pourquoi le savant n'est pas seul à s'interroger sur le caractère de l'image fournie par les sciences actuelles de la nature, et surtout par la physique moderne. Dès l'abord une réserve s'impose pourtant : il n'y a guère lieu de croire que cette image de l'univers que donnent les sciences de la nature ait influencé directement le dialogue de l'homme avec la nature, par exemple celui de l'artiste moderne ; par contre on est en droit de supposer que les changements des bases de la science moderne de la nature sont un symptôme de transformations profondes des fondements de notre existence qui à leur tour provoquent certainement des réactions dans tous les autres domaines de la vie. De ce point de vue, il peut être important pour l'homme qui cherche à pénétrer l'essence de la nature, soit pour créer, soit pour expliquer, de se demander quelles transformations se sont produites dans l'image de la nature fournie par la science au cours des dernières décennies.

1. *Le problème de la nature*

TRANSFORMATIONS DANS L'ATTITUDE DU SAVANT À L'ÉGARD DE LA NATURE

Commençons par une rétrospection jusqu'aux racines historiques des sciences modernes de la nature. Lorsque cette science fut fondée, au XVIIe siècle, par Kepler, Galilée et Newton, il existait encore l'image de la nature du Moyen Âge qui voit en elle, avant tout, ce que Dieu a créé. La nature était considérée comme l'œuvre de Dieu. S'interroger, indépendamment de Dieu, sur un monde matériel, aurait semblé, aux hommes de cette époque, dépourvu de signification. Comme document de ce temps je voudrais citer les mots par lesquels Kepler termine le dernier volume de son *Harmonie cosmique* : « Je te remercie, mon Dieu, notre créateur, de m'avoir laissé voir la beauté de ta création et je me réjouis des œuvres de tes mains. Vois, j'ai achevé l'œuvre à laquelle je me suis senti appelé, j'ai fait valoir le talent que tu m'as donné ; j'ai annoncé aux hommes la splendeur de tes œuvres : dans la mesure où mon esprit limité a pu les comprendre, les hommes en liront ici les preuves. »

Mais en quelques dizaines d'années l'attitude de l'homme à l'égard de la nature changea fondamentalement. Dans la mesure où le savant pénétrait le détail des phénomènes de la nature, il comprenait que, en effet, comme Galilée avait commencé de le faire, on pouvait dégager de l'ensemble certains phénomènes de la nature, les formuler mathématiquement et par là les « expliquer ». En même temps, il reconnaissait pourtant l'immense tâche qui s'imposait ainsi à la science de la nature en train de naître. Pour Newton, déjà, l'univers n'était plus simplement l'œuvre de Dieu, concevable seulement comme totalité. Son attitude à l'égard de la nature se traduit le mieux dans ces mots célèbres : il avait, disait-il, l'impression d'être un enfant qui, jouant au bord de la mer, était heureux de trouver de temps en temps un galet plus lisse, un coquillage plus beau que d'ordinaire, pendant que le vaste océan de la vérité s'étendait, inexploré, devant lui. Le développement de la pensée chrétienne à cette époque peut expliquer le changement d'attitude du savant à l'égard de la nature : Dieu semblait si haut dans le ciel, si loin au-dessus de la terre, que considérer la terre indépendamment de Dieu pouvait prendre un sens aussi. Dans cette mesure on a même le droit de parler, en ce qui concerne les sciences modernes de la nature, d'une forme spécifiquement chrétienne d'impiété : on en trouve un écho chez Kamlah. Cela permet de comprendre la raison pour laquelle aucune évolution correspondante ne s'est produite dans d'autres cultures. C'est pourquoi ce n'est probablement pas par hasard que, justement à cette époque, la nature en elle-même devient, indépendamment du thème religieux, un sujet de représentation artistique. Considérer la nature non seulement en dehors de Dieu, mais aussi en dehors de l'homme, de sorte que naisse l'idéal d'une description ou d'une explication « objective » de la nature, correspond entièrement, en ce qui concerne les sciences de la nature, à cette tendance. Il faut cependant souligner que, pour Newton aussi, le coquillage avait de l'importance parce qu'il sortait du grand océan de la vérité ; observer ce coquillage n'est pas encore un but en soi : se consacrer à son étude n'acquiert un sens que par la cohérence de l'ensemble.

Par la suite, on employa avec succès la méthode de la mécanique newtonienne dans des domaines de la nature de plus en plus étendus. Au moyen d'expériences, on essaya de dégager certains détails des phénomènes de la nature, de les observer objectivement et de les comprendre selon les lois ; on tenta de formuler mathématiquement les rapports pour aboutir à des « lois » valables sans restrictions dans le cosmos tout entier ; il devint finalement possible d'utiliser les forces naturelles pour les fins de la technique. Le développement grandiose de la mécanique au XVIIIe siècle témoigne de la puissance de ces premières tentatives.

TRANSFORMATIONS DE LA SIGNIFICATION DU TERME « NATURE »

Dans la mesure où une telle science était couronnée de succès, elle s'élargissait aussi au-delà de l'expérience quotidienne jusqu'à des domaines de la nature éloignés que seule pouvait rendre accessibles une technique qui se développait en même temps que les sciences de la nature. Newton aussi avait fait le pas décisif en comprenant que les mêmes lois mécaniques qui régissent la chute d'une pierre déterminent le mouvement de la lune autour de la terre, que l'on peut donc les appliquer aussi aux dimensions cosmiques. Par la suite, la science ouvrit sa marche triomphale dans ces lointains domaines de la nature sur lesquels nous ne pouvons nous informer que par le détour de la technique, c'est-à-dire au moyen d'appareils plus ou moins compliqués. Des télescopes perfectionnés permirent à l'astronomie de s'emparer d'espaces cosmiques de plus en plus vastes ; observant le comportement de la matière lors de réactions chimiques, la chimie tenta de connaître les événements qui se passent au niveau de l'atome ; des expériences faites avec la bobine d'induction et la pile de Volta donnèrent pour la première fois un aperçu des phénomènes électriques, encore inconnus dans la vie quotidienne d'alors. En tant que la nature est un objet de recherche pour les sciences, la signification du terme « nature » se transforma ; il devint le nom collectif de tous les domaines de l'expérience où l'homme peut accéder à l'aide de la science et de la technique, indépendamment du fait que, pour l'expérience immédiate, ces domaines apparaissent ou non comme « nature ». Le terme « description » de la nature se mit également à perdre de plus en plus sa signification première de représentation vivante, frappante de la nature ; il signifiait de plus en plus une description mathématique de la nature, à savoir la collection la plus précise, la plus condensée, mais aussi la plus complète, d'informations sur les rapports, ou lois, existant dans la nature.

Il n'y avait pas lieu encore de considérer cet élargissement du concept de nature comme un abandon de principe des buts premiers de la science ; car les concepts de base déterminants de l'expérience élargie restaient ceux de l'expérience naturelle. Au XVIIIe siècle, la nature semblait se dérouler selon les lois dans l'espace et dans le temps ; en décrivant ce déroulement on peut faire abstraction de l'homme et de son intervention, sinon de façon pratique, du moins en principe.

On considérait comme l'élément constant dans la transformation des phénomènes la matière inaltérable dans sa masse, susceptible d'être mue par des forces. Les expériences chimiques ordonnées et interprétées avec succès, depuis le XVIIIe siècle, grâce à l'hypothèse de l'atome, empruntée à l'Antiquité, rendirent aisément concevable que les atomes apparussent, ainsi que dans la philosophie de la nature antique, comme l'étant proprement dit, les moellons inaltérables de la matière. De même que dans la philosophie de Démocrite, les qualités sensibles de la matière étaient tenues pour des apparences ; l'odeur ou la couleur, la température ou la dureté n'étaient pas à proprement parler des propriétés de la matière, mais résultaient des actions réciproques entre la matière et nos sens ; il fallait les expliquer par la disposition et le mouvement des atomes et par l'effet de cette disposition sur nos sens. C'est ainsi que naquit l'image simplifiée de l'univers selon le matérialisme du XIXe siècle : les atomes, en tant qu'ils constituent l'étant inaltérable proprement dit, se meuvent dans l'espace et dans le temps et provoquent par leur disposition et leurs mouvements réciproques les phénomènes variés de notre univers sensible.

LA CRISE DE LA CONCEPTION MATÉRIALISTE

Au cours de la deuxième moitié du siècle dernier, cette image de l'univers fut, pour la première fois, ébranlée, mais non encore dangereusement, par le développement de la science de l'électricité. Celle-ci considérait comme le réel proprement dit le champ électrique et non la matière. Une action réciproque entre des champs électriques, sans une substance support des forces, était moins facile à comprendre que la représentation matérialiste de la réalité selon la physique de l'atome ; un élément abstrait et non évident entra dans l'image du monde qui partout ailleurs semblait si claire. C'est pourquoi on tenta de revenir, par le détour d'un éther matériel qui, en tant que tension électrique, devait porter ces champs électriques, à la conception plus simple de la matière propre à la philosophie matérialiste ; mais ces tentatives n'eurent guère de succès. On pouvait toutefois se consoler en pensant que les modifications des champs électriques pouvaient être aussi considérées comme des processus se déroulant dans l'espace et dans le temps ; qu'on pouvait les décrire objectivement, c'est-à-dire sans se référer à la manière de les observer, et qu'ils correspondaient ainsi à l'image idéale généralement admise d'un déroulement dans l'espace et dans le temps selon les lois. De plus, on pouvait considérer les champs électriques, observables seulement dans leur action réciproque avec les atomes, comme provoqués par ceux-ci et l'on pouvait en un sens les utiliser pour expliquer le mouvement des atomes. Dans cette mesure, les atomes demeuraient après tout l'étant proprement dit. L'espace vide entre eux ne possède qu'une sorte de réalité en tant que support des champs électriques et de la géométrie.

Pour cette image de l'univers il était de peu d'importance que, dès la découverte de la radioactivité, vers la fin du siècle dernier, les atomes chimiques ne pussent plus être considérés comme les derniers éléments indivisibles de la matière ; on les considérait plutôt comme composés de trois éléments fondamentaux qu'aujourd'hui nous appelons protons, neutrons et électrons. Par ses conséquences pratiques, cette découverte a conduit à la transformation des éléments et à la technique de l'atome ; par là elle a acquis une immense importance. Mais rien n'est changé à la question de principe si actuellement nous tenons les protons, les neutrons et les électrons pour les particules élémentaires de la matière et si nous les tenons pour l'étant proprement dit. Ce qui importe pour l'image matérialiste de l'univers, c'est la possibilité de reconnaître ces infimes moellons des particules élémentaires comme la dernière réalité objective. Cette image solidement construite de l'univers du XIXe et du début du XXe siècle repose sur ces bases et grâce à sa simplicité elle a gardé pendant plusieurs dizaines d'années son entière puissance convaincante.

Mais c'est là précisément que, au cours de notre siècle, se sont produites des transformations profondes dans les fondements de la physique de l'atome qui nous éloignent de la conception réaliste de la philosophie atomiste antique. On espérait que ces particules élémentaires représenteraient la réalité objective : c'était une simplification trop grossière des faits réels et elle devait céder la place à des conceptions beaucoup plus abstraites. Car, si nous voulons nous faire une image de la nature de ces particules élémentaires, nous ne pouvons plus faire abstraction du principe de l'existence de processus physiques qui nous en informent. Lorsque nous observons des objets de notre vie quotidienne, le processus physique qui rend possible cette observation ne joue qu'un rôle secondaire. Mais chaque processus d'observation provoque des perturbations considérables dans les particules élémentaires de la matière. On ne peut plus du tout parler du comportement de la particule sans tenir compte du processus d'observation. En conséquence, les lois naturelles que, dans la théorie des quanta, nous formulons mathématiquement, ne concernent plus les particules élémentaires proprement dites, mais la connaissance que nous en avons. La question de savoir si ces particules existent « en elles-mêmes » dans l'espace et dans le temps ne peut donc plus être posée sous cette forme ;

en effet, nous ne pouvons parler que des événements qui se déroulent lorsque, par l'action réciproque de la particule et de n'importe quel autre système physique, par exemple des instruments de mesure, on tente de connaître le comportement de la particule. La conception de la réalité objective des particules élémentaires s'est donc étrangement dissoute, non pas dans le brouillard d'une nouvelle conception de la réalité obscure ou mal comprise, mais dans la clarté transparente d'une mathématique qui ne représente plus le comportement de la particule élémentaire mais la connaissance que nous en possédons. Les tenants de l'atomisme ont dû se rendre à cette évidence que leur science n'est qu'un maillon de la chaîne infinie des dialogues entre l'homme et la nature *et qu'elle ne peut plus parler simplement d'une nature « en soi »*. Les sciences de la nature présupposent toujours l'homme, et, comme l'a dit Bohr, nous devons nous rendre compte que nous ne sommes pas spectateurs mais acteurs dans le théâtre de la vie.

2. *La technique*

ACTION RÉCIPROQUE DE LA TECHNIQUE ET DES SCIENCES DE LA NATURE

Avant de parler des conséquences générales qui découlent de cette nouvelle situation de la physique moderne, il faut évoquer le développement de la technique, qui est plus important pour la vie pratique sur terre et qui va de pair avec le développement des sciences de la nature ; c'est cette technique qui, à partir de l'Occident, a répandu les sciences de la nature sur la terre entière et les a situées au centre de la pensée contemporaine. Dans le processus de ce développement au cours des deux derniers siècles, la technique a toujours été la condition et la conséquence des sciences de la nature. Elle en est la condition, parce qu'un élargissement et un approfondissement de la science ne peut souvent se produire que par un perfectionnement des moyens d'observation ; que l'on pense à l'invention de la longue-vue et du microscope et à la découverte des rayons de Röntgen. La technique, d'autre part, est la conséquence des sciences de la nature, car l'exploitation technique des forces naturelles ne devient généralement possible que grâce à une connaissance approfondie dans le domaine de l'expérience concerné.

C'est ainsi qu'au XVIIIe et au début du XIXe siècle se développa une technique fondée sur l'exploitation d'événements mécaniques. La machine ne fait souvent ici qu'imiter la main de l'homme, qu'il s'agisse de filer ou de tisser, de soulever des poids ou de forger de grands blocs de fer. C'est pourquoi on a d'abord considéré cette forme de la technique comme la continuation et le développement de l'ancien artisanat ; au non-initié elle paraissait aussi compréhensible et évidente que les vieux métiers eux-mêmes dont tout le monde connaissait les bases sans cependant savoir en imiter le tour de main. Même l'introduction de la machine à vapeur ne changea en principe rien encore à ce caractère de la technique ; mais cependant, à partir de ce moment, la technique se développa dans des proportions inconnues jusqu'alors ; car désormais les forces naturelles concentrées dans le charbon pouvaient être mises à la disposition de l'homme et remplacer le travail manuel. Pourtant, une transformation décisive du caractère de la technique ne s'est produite qu'avec le développement de l'électrotechnique dans la deuxième moitié du siècle passé. On ne pouvait alors guère plus parler d'un rapport immédiat avec les vieux métiers. Il ne s'agissait plus que de l'exploitation de forces naturelles que, réduit à l'expérience directe, l'homme connaissait à peine. C'est pourquoi l'électrotechnique demeure encore effrayante pour beaucoup ; au minimum, elle reste souvent incompréhensible, bien qu'elle nous entoure de toutes parts. Il est vrai que le câble à haute tension, dont il est dangereux de s'approcher, nous enseigne, dans une certaine mesure, la notion de champ électrique ; mais au fond ce domaine de la nature reste inconnu pour nous. Regarder l'intérieur d'un appareil électrique compliqué nous est parfois aussi pénible qu'assister à une opération chirurgicale.

De même, on pourrait considérer la technique de la chimie comme une continuation de certains vieux métiers : que l'on pense à la teinturerie, à la tannerie, à la pharmacie. Mais ici encore l'extension d'une nouvelle technique de la chimie, développée vers le début du siècle, ne permet plus aucune comparaison avec des états antérieurs. En ce qui concerne enfin la technique de l'atome, il s'agit uniquement de l'exploitation de forces de la nature qu'aucune expérience du monde naturel n'a rendues accessibles. Il est possible que cette technique devienne pour nous aussi familière que l'électrotechnique pour l'homme moderne : il lui semblerait inconcevable de ne pas la trouver dans le monde qui l'environne directement. Mais même les choses qui nous entourent quotidiennement n'en deviennent pas encore par là *une partie de la nature* au sens originel du mot. Dans l'avenir, les nombreux appareils techniques seront peut-être aussi inséparables de l'homme que la coquille, de l'escargot ou la toile, de l'araignée. *Mais même en ce cas ces appareils seraient des parties de l'organisme humain*, plutôt que des parties de la nature environnante.

INTERVENTION DE LA TECHNIQUE DANS LES RAPPORTS DE LA NATURE AVEC L'HOMME

L'intervention de la technique dans les rapports de la nature avec l'homme se traduit par le fait qu'elle transforme sur une large échelle le monde environnant de l'homme, lui montrant sans cesse et inévitablement l'aspect scientifique de l'univers. La technique reflète l'aspiration de la science à pénétrer dans le cosmos avec une méthode capable de dégager et d'examiner le détail et, de ce fait, d'aller de rapport en rapport ; pas à pas, elle avance dans des domaines nouveaux, transforme devant nos yeux le monde environnant et le marque du sceau humain. De même que, dans les sciences de la nature, chaque question de détail se subordonne à la grande tâche de comprendre la nature dans son ensemble, le plus petit progrès technique sert le but général : augmenter le pouvoir matériel de l'homme. La valeur de ce but est aussi peu contestable que la valeur de la connaissance de la nature pour la science ; les deux buts confluent dans la formule banale : « savoir c'est pouvoir ». L'on peut prouver la subordination au but général de chaque processus technique particulier ; cependant il est aussi caractéristique du développement entier que le processus technique particulier soit souvent lié au but d'ensemble de façon si indirecte qu'on ne peut plus guère le considérer comme une partie d'un plan conscient élaboré en vue de cette fin. Dans ce cas la technique n'apparaît presque plus comme le produit d'efforts conscients humains en vue d'augmenter le pouvoir matériel ; elle apparaît plutôt comme un événement biologique à grande échelle au cours duquel les structures internes de l'organisme humain sont transportées de plus en plus dans le monde environnant l'homme ; c'est donc un processus biologique qui par sa nature même se trouve soustrait au contrôle de l'homme ; car « même si l'homme peut faire ce qu'il veut, il ne peut pas vouloir ce qu'il veut ».

3 *Les sciences de la nature en tant que parties des actions réciproques entre l'homme et la nature*

TECHNIQUE ET TRANSFORMATION DU MODE DE VIE

Sous ce rapport on a souvent dit que la profonde transformation que l'ère de la technique apporte à notre monde environnant et à notre mode de vie a également, et de façon dangereuse, modifié notre pensée, et qu'il faut y chercher la source des crises qui ébranlent notre temps et qui se font sentir, par exemple, aussi dans l'art moderne. À vrai dire, cette objection est antérieure à la technique et aux sciences de la nature des Temps Modernes : sous une forme primitive, la technique et les machines existaient déjà il y a longtemps, si bien que les hommes du passé ont été obligés de méditer sur ces mêmes questions. Par exemple, il y a deux millénaires et demi, le savant chinois Dschuang Dsi parlait déjà du danger de l'emploi des machines pour l'homme ; je voudrais citer ici un passage de ses écrits qui est important pour notre sujet :

« Lorsque Dsi Gung traversa la région au nord de la rivière Han, il vit un vieil homme qui travaillait dans son potager. Il y avait aménagé des rigoles d'irrigation. Il descendait lui-même dans le puits et remontait dans ses bras un récipient plein d'eau qu'il vidait dans les rigoles. Tout en se donnant une peine extrême il n'aboutissait qu'à peu de chose.

» Dsi Gung dit : Il existe un moyen d'irriguer cent rigoles en un seul jour. Avec peu de peine on arrive à de grands résultats. Ne veux-tu pas l'utiliser ? Le jardinier se redressa, le regarda et dit : Et que serait-ce ?

» Dsi Gung dit : On prend un levier de bois, lourd à l'arrière et léger à l'avant. C'est ainsi que l'on peut puiser de l'eau à profusion. On appelle cela un puits à chaîne.

» La colère monta à la figure du vieux qui dit en riant : J'ai entendu dire mon maître : Celui qui utilise des machines exécute machinalement toutes ses affaires ; celui qui exécute machinalement ses affaires se fait un cœur de machine. Or celui qui porte un cœur de machine dans sa poitrine perd sa pure innocence. Celui qui a perdu sa pure innocence devient incertain dans les mouvements de son esprit. L'incertitude de l'esprit ne peut s'accorder avec le sens vrai. Ce n'est pas que j'ignore ces choses — j'aurais honte de m'en servir. »

Chacun sent que cette vieille histoire contient une part considérable de vérité ; car « l'incertitude dans les mouvements de l'esprit » est peut-être ce qui décrit de la façon la plus frappante l'état des hommes dans la crise actuelle : la technique, la machine ont envahi le monde dans une mesure dont ne pouvait se douter le sage chinois. Pourtant, les plus belles œuvres d'art ont encore été créées deux mille ans plus tard et l'innocence de l'âme, dont parle le philosophe, n'a jamais été entièrement perdue, mais s'est montrée avec plus ou moins de force au cours des siècles, ne cessant d'être féconde. Somme toute, l'exhaussement de l'espèce humaine s'est produit grâce aux outils ; ce n'est donc pas à la technique en elle-même qu'on peut imputer la perte du sens de la cohésion de l'ensemble sur beaucoup de points.

Nous nous rapprocherons peut-être de la vérité en imputant la responsabilité de nombreuses complications au développement subit et rapide — comparé aux transformations antérieures — de la technique au cours des cinquante dernières années. En effet, ce développement rapide par rapport aux siècles passés n'a tout simplement pas laissé le temps à l'humanité de s'adapter aux nouvelles conditions de vie. Mais même cela n'explique pas bien ou explique incomplètement la raison pour laquelle notre époque se trouve de toute évidence devant une situation absolument nouvelle qui ne trouve guère d'analogie dans l'histoire.

L'HOMME SE TROUVE DÉSORMAIS SEUL AVEC LUI-MÊME

Nous avons dit dès le début qu'on pouvait peut-être considérer les transformations des fondements de la science moderne de la nature comme un symptôme des changements des bases de notre existence, changements qui se manifestent simultanément en beaucoup de points, que ce soit dans des modifications de notre genre de vie et de nos habitudes de pensée, ou dans des catastrophes extérieures, guerres ou révolutions. Si, à partir de la situation des sciences modernes de la nature, on tente d'avancer pas à pas vers les fondements mouvants, on n'a pas l'impression de simplifier trop grossièrement les circonstances en disant que, *pour la première fois au cours de l'histoire, l'homme se trouve seul avec lui-même sur cette terre*, sans partenaire, ni adversaire. Ceci est une vérité banale quand il s'agit de la lutte de l'homme contre les dangers extérieurs. Dans le passé, l'homme était menacé par les bêtes sauvages, les maladies, la faim, le froid et autres forces naturelles, et dans cette lutte chaque amélioration de la technique signifiait un renforcement de la position de l'homme, c'est-à-dire un progrès. À notre époque, où le peuplement de la terre est de plus en plus dense, les limitations des possibilités de vie, et par là les dangers, naissent en premier lieu des autres hommes qui font également valoir leur droit sur les biens de la terre. Mais ici, le développement de la technique n'est plus forcément un progrès. La formule : « l'homme se trouve seul avec lui-même » a une plus vaste portée dans l'ère de la technique. Autrefois, l'homme était face à face avec la nature ; habitée par des créatures de toute espèce, elle constituait un royaume qui vivait selon ses propres lois ; l'homme devait de quelque manière s'y adapter. Aujourd'hui, nous vivons dans un monde si totalement transformé par lui que nous rencontrons partout les structures dont il est l'auteur : emploi des instruments de la vie quotidienne, préparation de la nourriture par les machines, transformation du paysage par l'homme ; de sorte que l'homme ne rencontre plus que lui-même. Sans doute existe-t-il des parties de la terre où ce processus est loin d'être achevé ; mais tôt ou tard la domination de l'homme doit être totale.

Cette nouvelle situation nous apparaît le plus clairement dans la science moderne de la nature. Comme je l'ai dit plus haut, elle nous montre que nous ne pouvons plus du tout considérer comme une chose « en soi » les moellons de la matière, lesquels, à l'origine, étaient tenus pour la réalité objective ultime, qu'ils se dérobent à toute fixation objective dans l'espace et dans le temps et que, au fond, nous ne disposons pour tout objet de science que de notre connaissance de ces particules. La connaissance des atomes et de leur mouvement « en soi », c'est-à-dire indépendante de notre observation expérimentale, n'est donc plus le but de la recherche ; nous nous trouvons plutôt dès l'abord au sein d'un dialogue entre la nature et l'homme dont la science n'est qu'une partie, si bien que la division conventionnelle du monde en sujet et objet, en monde intérieur et en monde extérieur, en corps et en âme ne peut plus s'appliquer et soulève des difficultés. Pour les sciences de la nature également, *le sujet de la recherche n'est donc plus la nature en soi, mais la nature livrée à l'interrogation humaine* et dans cette mesure l'homme, de nouveau, ne rencontre ici que lui-même.

De toute évidence, la tâche de notre époque est de s'accommoder de cette nouvelle situation dans tous les domaines de la vie ; et l'homme ne pourra retrouver « la sûreté dans les mouvements de l'esprit » dont parle le sage chinois qu'une fois cette tâche accomplie. Le chemin qui mène à ce but sera long et pénible, et nous ignorons quelles étapes de souffrances il peut comporter. Mais pour trouver quelques indices sur le caractère de ce chemin, qu'il nous soit permis de rappeler encore une fois l'exemple des sciences exactes de la nature.

NOUVEAU CONCEPT DE LA VÉRITÉ SCIENTIFIQUE

Dans la théorie des quanta, on a accepté la situation décrite plus haut une fois qu'il a été possible de la formuler mathématiquement ; ceci a permis de prévoir avec précision le résultat d'une expérience sans risque de contradiction logique. On a donc accepté cette nouvelle situation dès que toute obscurité fut écartée.

Dès lors, les formules mathématiques ne représentaient plus la nature mais la connaissance que nous en possédons ; c'est dire que nous avons renoncé à la description de la nature, pratiquée depuis des centenaires et qui, il y a quelques dizaines d'années, aurait encore été considérée comme le but normal de toute science exacte. Pour le moment, il faut se borner à dire que cette acceptation s'étend au domaine de la physique de l'atome elle-même, parce qu'il est possible de décrire exactement l'expérience. Mais dès qu'il s'agit d'une interprétation philosophique de la théorie des quanta, les opinions sont encore divergentes : on entend dire à l'occasion que cette nouvelle forme de description de la nature est encore insatisfaisante car elle ne correspond pas à l'ancien idéal de la vérité scientifique, ne semble qu'un symptôme de la crise actuelle et en tout cas n'est pas définitive.

Sous ce rapport il sera utile d'examiner le concept de *vérité scientifique* d'une façon plus générale et de trouver des critères d'une connaissance scientifique cohérente et définitive. Commençons par un critère plutôt extérieur : tant qu'un domaine quelconque de la vie intellectuelle se développe de façon constante et sans rupture interne, des questions de détail se posent à l'homme qui travaille dans ce domaine ; ce sont, pour ainsi dire, des problèmes de métier dont la solution n'est pas un problème en soi mais semble précieuse dans l'intérêt de la cohésion du grand ensemble, seule importante. Ces problèmes de détail se posent sans qu'on ait besoin de les susciter ; travailler à leur solution est la condition pour collaborer à l'ensemble. C'est ainsi que des sculpteurs du Moyen Âge se sont efforcés de rendre le plus exactement possible les plis d'un vêtement : la solution de ce problème de détail était nécessaire parce que les plis des vêtements des saints faisaient partie de l'ensemble religieux visé. Des questions de détail semblables se sont posées et se posent toujours dans la science moderne de la nature et la réponse à ces questions est une condition de la compréhension de l'ensemble. Au cours du développement qui s'est produit pendant les cinquante dernières années, ces questions se sont également posées d'elles-mêmes et le but était toujours le même grand ensemble des lois naturelles. À ce point de vue, il n'y a pas de raison extérieure pour que se produise une solution de continuité dans la science exacte de la nature.

En ce qui concerne les résultats définitifs, il faut

rappeler que, dans la sphère de la science exacte de la nature, il n'y a jamais eu de solutions définitives que dans certains domaines d'expérience limités. Par exemple, les problèmes que peuvent poser les concepts de la mécanique newtonienne ont trouvé leur solution définitive dans les lois de Newton et les conclusions mathématiques qui en résultèrent. Mais ces solutions ne dépassent pas les concepts de la mécanique newtonienne et les questions qu'ils posent. C'est pourquoi la science de l'électricité, par exemple, n'était plus accessible à une analyse fondée sur ces concepts ; au cours des investigations dans ce nouveau domaine d'expérience, de nouveaux systèmes conceptuels se sont élaborés, à l'aide desquels les lois naturelles de la science de l'électricité ont pu recevoir une formulation mathématique définitive. Le terme « définitif », appliqué aux sciences exactes de la nature, signifie donc évidemment qu'il existe toujours des systèmes de concepts et de lois qui forment une totalité close et sont mathématiquement formulables ; ils valent pour certains domaines de l'expérience, pour ces domaines ils ont une validité universelle et ne sont susceptibles ni de transformations, ni d'amélioration. On ne peut naturellement pas espérer que ces concepts et ces lois soient aptes à représenter par la suite de nouveaux domaines de l'expérience. Les concepts et les lois de la théorie des quanta ne peuvent, eux non plus, être appelés définitifs que dans ce sens limité ; et c'est en ce sens limité, et en ce sens seulement, qu'il peut arriver à la connaissance scientifique d'être définitivement fixée dans un langage mathématique ou autre.

De manière analogue, certaines philosophies du droit admettent que le droit existe toujours, mais que, en général, il faut trouver une nouvelle loi pour chaque nouveau cas juridique ; que la loi écrite ne peut en tout cas s'appliquer qu'à des domaines limités de la vie et ne peut donc pas toujours avoir de valeur. De même, les sciences exactes de la nature partent de l'idée que, finalement, il sera toujours possible de comprendre la nature, dans chaque nouveau domaine de l'expérience ; mais comme on n'a pas fixé a priori le sens du terme « comprendre », la connaissance de la nature, formulée mathématiquement par des époques antérieures, bien que « définitive » n'est toutefois pas toujours applicable. Cet état de choses rend également impossible de fonder sur la connaissance scientifique des professions de foi destinées à influencer le comportement dans la vie. Car leur motivation ne pourrait se trouver que dans des connaissances scientifiques définitives et celles-ci ne peuvent s'appliquer qu'à des domaines limités de l'expérience. Les professions de foi exprimées de notre temps, qui commencent souvent en affirmant qu'il ne s'agit pas ici de foi mais d'un savoir fondé sur la science, contiennent donc une contradiction interne et reposent sur une auto-illusion.

Toujours est-il que cette constatation ne doit pas nous conduire à sous-estimer la solidité de la base sur laquelle repose l'édifice des sciences exactes de la nature. Le concept de vérité scientifique, fondement de ces sciences, peut comporter de nombreuses façons de comprendre la nature. Outre les sciences de la nature des siècles passés, ce concept embrasse aussi la physique atomique moderne ; par conséquent nous pouvons donc nous accommoder d'un état de la connaissance où l'objectivation de la nature n'est plus possible mais où, pourtant, nous pouvons établir nos rapports avec elle.

S'il est permis de parler de l'image de la nature selon les sciences exactes de notre temps, il faut entendre par là, plutôt que l'image de la nature, *l'image de nos rapports avec la nature*. L'ancienne division de l'univers en un déroulement objectif dans l'espace et le temps d'une part, en une âme qui reflète ce déroulement d'autre part, division correspondant à celle de Descartes en *res cogitans* et *res extensa*, n'est plus propre à servir de point de départ si l'on veut comprendre les sciences modernes de la nature. C'est avant tout le réseau des rapports entre l'homme et la nature qui est la visée centrale de cette science ; grâce à ces rapports, nous sommes, en tant que créatures vivantes physiques, des parties dépendantes de la nature, tandis qu'en tant qu'hommes nous en faisons en même temps l'objet de notre pensée et de nos actions. La science, cessant d'être le spectateur de la nature, se reconnaît elle-même comme partie des actions réciproques entre la nature et l'homme. La méthode scientifique, qui choisit, explique et ordonne, admet les limites qui lui sont imposées par le fait que l'emploi de la méthode transforme son objet, et que, par conséquent, la méthode ne peut plus se séparer de son objet. Cela signifie que *l'image de l'univers selon les sciences de la nature cesse d'être, à proprement parler, l'image de l'univers selon les sciences de la nature*.

PRISE DE CONSCIENCE DU DANGER DE NOTRE SITUATION

Avoir tiré au clair ces paradoxes dans un domaine scientifique restreint est de peu de profit pour la situation générale de notre époque où, pour reprendre notre formule simplifiée, nous nous trouvons d'abord seuls avec nous-mêmes. L'espoir d'un progrès certain grâce à l'augmentation du pouvoir matériel et spirituel de l'homme trouve dans cette situation même une limite, bien qu'on ne fasse que l'entrevoir ; les dangers sont d'autant plus grands que la vague d'optimisme qui entraîne à croire à ce progrès se brise plus fortement contre cette limite. Une autre métaphore rendra peut-être encore plus évident ce danger. Par cet accroissement apparemment illimité du pouvoir matériel, l'humanité se trouve dans la situation d'un capitaine dont le bateau serait construit avec une si grande quantité d'acier et de fer que la boussole de son compas, au lieu d'indiquer le Nord, ne s'orienterait que vers la masse de fer du bateau. Un tel bateau n'arriverait plus nulle part ; livré au vent et au courant, tout ce qu'il peut faire, c'est de tourner en rond. Mais revenons à la situation de la physique moderne ; à vrai dire, le danger existe tant que le capitaine ignore que son compas ne réagit plus à la force magnétique de la terre. Au moment où il le comprend, le danger est déjà à moitié écarté. Car le capitaine qui, ne désirant pas tourner en rond, veut atteindre un but connu ou inconnu, trouvera moyen de diriger son bateau, soit en utilisant de nouveaux compas modernes qui ne réagissent pas à la masse de fer du bateau, soit en s'orientant par les étoiles comme on le faisait autrefois. Il est vrai que la visibilité des étoiles ne dépend pas de nous et peut-être, à notre époque, ne les voit-on que rarement. Mais, de toute façon, la prise de conscience des limites de l'espoir qu'exprime la croyance au progrès contient le désir de ne pas tourner en rond, mais d'atteindre un but. Dans la mesure où nous reconnaissons cette limite, elle devient le premier point fixe qui permet une orientation nouvelle. La comparaison avec les sciences modernes de la nature nous permet peut-être d'espérer qu'il s'agit ici d'une limite de certaines formes de développement appartenant au domaine de la vie humaine, mais non d'une limite du domaine de la vie proprement dite. L'espace dans lequel l'homme se développe en tant qu'être spirituel a plus de dimensions que celle-là seule où son activité s'est déployée au cours des derniers siècles. On pourrait en conclure que, après de longues périodes, l'acceptation consciente de cette limite conduira à une certaine stabilisation où les connaissances et les forces créatrices de l'homme s'ordonneront d'elles-mêmes autour d'un centre commun.

II

PHYSIQUE DE L'ATOME ET LOI DE LA CAUSALITÉ

TRADUCTION DE UGNÉ KARVELIS

Parmi les résultats généraux les plus intéressants de la physique atomique moderne, nommons les transformations produites, grâce à son influence, dans le concept de loi naturelle.

Au cours des dernières années on a souvent dit que la science atomique moderne abolissait le principe de causalité ou, du moins, lui enlevait une partie de sa vigueur, si bien que l'on ne pouvait plus parler d'une détermination proprement dite des processus selon les lois naturelles. Parfois on entend simplement dire que le principe de causalité ne s'accorde pas avec la science moderne de l'atome. Des formules de ce genre restent obscures tant que les concepts de cause ou de loi ne sont pas suffisamment élucidés. C'est pourquoi je voudrais, dans ce qui suit, parler d'abord brièvement du développement historique de ces concepts. Nous nous attacherons ensuite aux rapports qui existaient, bien avant la théorie des quanta, entre la science atomique et le principe de causalité. Nous parlerons alors des conséquences de la théorie des quanta et du développement de la science atomique au cours des dernières années. Ce développement est encore peu connu du public ; il semble pourtant qu'il aura des répercussions dans le domaine de la philosophie.

1. *Le concept de « causalité »*

Historiquement parlant, l'application du concept de causalité à la règle de cause à effet est relativement récente. Dans les philosophies anciennes, le terme *causa* avait une signification bien plus générale qu'il ne l'a aujourd'hui. Se référant à Aristote, la *Scolastique* par exemple parlait de quatre formes de « cause ». On y trouve la *causa formalis*, qu'aujourd'hui on appellerait la structure ou le contenu conceptuel d'une chose ; la *causa materialis*, c'est-à-dire la matière dont est faite une chose ; la *causa finalis*, qui est le but d'une chose et, enfin, la *causa efficiens*. Seule la *causa efficiens* correspond à peu près à ce que nous désignons aujourd'hui par le terme de cause.

La transformation du concept de *causa* dans le concept actuel de cause s'est produite au cours des siècles, en liaison interne avec la transformation de la réalité entière, telle que les hommes la conçoivent, et avec la naissance des sciences de la nature au début de l'ère moderne. Dans la mesure où le processus matériel gagnait en réalité, le terme *causa* s'appliquait au processus matériel particulier qui précédait l'événement à expliquer et, en quelque sorte, le provoquait. C'est pourquoi Kant qui, sur beaucoup de points, tire les conséquences du développement des sciences de la nature depuis Newton, emploie déjà le terme de causalité dans l'acception habituelle au XIXe siècle : « Lorsque nous apprenons qu'une chose arrive, nous présupposons toujours qu'une chose a précédé dont la première découle selon une règle. » C'est ainsi que la formule de la causalité fut limitée et s'identifia finalement au fait de s'attendre qu'un événement de la nature soit rigoureusement déterminé et que, par conséquent, la connaissance exacte de la nature ou de l'une de ses parties suffise, du moins en principe, à prévoir l'avenir. La physique de Newton était ainsi conçue qu'on pouvait calculer à l'avance, à partir de l'état d'un système, à un moment déterminé, le mouvement futur du système. Que cela soit un principe de la nature, Laplace l'a formulé de la façon la plus générale et la plus compréhensible : il a forgé la fiction d'un démon qui, à un moment donné, connaîtrait la position et le mouvement de tous les atomes et serait alors en mesure de calculer d'avance l'avenir total de l'univers. Si l'on veut prendre le terme de causalité au sens restreint, on parle aussi de « déterminisme » et on entend par là qu'il y a des lois naturelles fixes qui déterminent rigoureusement l'état futur d'un système d'après l'état actuel.

2. *Les lois statistiques*

Dès ses débuts, la science atomique a développé des notions qui, à vrai dire, ne s'accordent pas bien avec cette image. Non pas que ces notions contredisent ses principes ; mais la façon de penser propre à la science atomique devait, dès l'abord, se distinguer de celle du déterminisme. L'atomisme antique de Démocrite et de Leucippe admettait déjà que les processus à grande échelle résultent de multiples processus irréguliers à l'échelle corpusculaire. De nombreux exemples de la vie quotidienne prouvent ce principe. Il suffit à l'agriculteur de constater qu'un nuage a crevé et a arrosé le sol, et personne n'a besoin de savoir de quelle manière chaque goutte isolée est tombée. Prenons un autre exemple : tout le monde comprend ce que signifie le terme granit, même si la forme, la composition chimique des différents petits cristaux, leurs rapports de composition et leur couleur ne sont pas exactement connus. Nous nous servons donc toujours de concepts qui ont trait au comportement des phénomènes à grande échelle sans nous intéresser aux processus isolés à l'échelle corpusculaire.

Cette idée d'un concours statistique de nombreux petits processus isolés, la science antique de l'atome l'a déjà utilisée comme base de son explication de l'univers ; elle l'a généralisée dans la représentation selon laquelle toute qualité sensible de la matière est indirectement suscitée par la position et le mouvement des atomes. Démocrite écrit déjà : « Une chose n'est douce ou amère qu'en apparence, en réalité il n'existe que des atomes et l'espace vide. » Si l'on explique ainsi les phénomènes perceptibles par le concours de très nombreux petits processus isolés, il en résulte presque nécessairement que l'on considère les lois de la nature uniquement comme des lois statistiques. Des lois statistiques peuvent, il est vrai, conduire à des affirmations d'un degré de probabilité si élevé qu'il équivaut presque à une certitude. Mais il existe des exceptions à ce principe. Il semble souvent que le concept de loi statistique soit rempli de contradictions. On entend dire d'une part qu'il est possible d'imaginer que les processus naturels sont régis par des lois et d'autre part que ces processus se déroulent sans aucun ordre et que les lois statistiques ne représentent rien. Rappelons cependant que dans la vie quotidienne nous ne faisons pas un pas sans rencontrer des lois statistiques qui servent de base à nos actions pratiques. Lorsque, par exemple, un technicien construit une installation hydraulique, il compte avec une quantité moyenne de chutes de pluie, bien qu'il ne puisse pas prévoir quand il pleuvra et combien d'eau il tombera.

Les lois statistiques signifient d'habitude que l'on ne connaît qu'incomplètement les systèmes physiques dont il s'agit. Le jeu de dés fournit l'exemple le plus connu. Comme aucune face du dé ne se distingue de l'autre et que nous ne pouvons prévoir d'aucune manière sur quelle face il tombera, on peut supposer que, seule la sixième partie d'une très grande quantité de coups aura la chance de faire sortir la face portant cinq points.

Au début de l'ère moderne on a tout de suite tenté d'expliquer du point de vue qualitatif aussi bien que quantitatif le comportement de la matière par le comportement statistique de ses atomes. Robert Boyle a déjà montré qu'on pouvait comprendre les rapports entre la pression et le volume d'un gaz dès que l'on expliquait cette pression par les nombreux chocs que provoquent des atomes isolés contre la paroi d'un récipient. On a expliqué d'une manière analogue les phénomènes thermodynamiques en admettant que les atomes se meuvent avec plus de violence dans un corps chaud que dans un corps froid. On a réussi à donner à cette observation une forme quantitative et mathématique et à faire comprendre ainsi les lois de la science de la chaleur.

Cette utilisation de lois statistiques a trouvé sa forme définitive dans la deuxième moitié du siècle dernier par la *mécanique dite statistique*. Dans cette théorie, dont les lois de base découlent simplement de la théorie newtonienne, on examina les conséquences de la connaissance incomplète d'un système mécanique complexe. On n'abandonna donc pas le principe du déterminisme pur, et on admit que, selon la mécanique newtonienne, les processus isolés étaient complètement déterminés. Mais il s'y ajouta l'idée que les propriétés mécaniques du système n'étaient pas entièrement connues. Gibbs et Boltzmann ont réussi à exprimer objectivement en formules mathématiques le genre auquel appartient la connaissance incomplète, et surtout Gibbs sut montrer que le concept de température est étroitement lié justement à une connaissance incomplète. Connaître la température d'un système signifie que ce système fait partie d'un groupe de systèmes équivalents. On peut formuler avec une précision mathématique ce groupe de systèmes, mais non pas le système isolé dont il est question. Par cette découverte, Gibbs, sans s'en rendre entièrement compte, avait fait à vrai dire un pas qui fut suivi par les conséquences les plus importantes. Le premier, Gibbs introduisit un concept physique qui ne peut s'appliquer à un objet de la nature que si notre connaissance de cet objet est incomplète. Si, par exemple, le mouvement et la position de toutes les molécules d'un gaz étaient connus, parler de la température de ce gaz n'aurait plus de signification. Le concept de température ne peut être utilisé que si un système est insuffisamment connu et que l'on désire tirer des conclusions statistiques de cette connaissance incomplète.

3. *Caractère statistique de la théorie des quanta*

Bien que, depuis les découvertes de Gibbs et de Boltzmann, la connaissance incomplète d'un système ait été comprise dans la formulation des lois physiques, on n'abandonna pas le principe du déterminisme jusqu'à la célèbre invention de Max Planck : la théorie des quanta. Planck, dans ses travaux sur la théorie des radiations, n'avait d'abord trouvé qu'un élément de discontinuité dans les phénomènes de radiation. Il avait montré qu'un atome rayonnant n'émet pas son énergie de façon continue mais discontinûment, par chocs. Cette émission d'énergie discontinue et par chocs, comme toutes les notions de la théorie des atomes, a fait supposer que l'émission de rayons est un phénomène statistique. Il a pourtant fallu vingt-cinq ans pour trouver que, en effet, la *théorie des quanta contraint à donner aux lois une formule statistique* et à abandonner le principe du déterminisme. Depuis les travaux d'Einstein, de Bohr et de Sommerfeld, la théorie de Planck s'est révélée la clé qui donne accès au domaine entier de la physique atomique. À l'aide du modèle de l'atome créé par Rutherford et Bohr, on a pu expliquer les processus chimiques ; depuis, la chimie, la physique et l'astrophysique se sont fondues en un tout. Cependant, en ce qui concerne la formulation mathématique des lois selon la théorie des quanta, on s'est vu forcé d'abandonner le déterminisme pur. Comme je ne peux énoncer ici ces équations mathématiques, je me bornerai à indiquer certaines formules exprimant la situation singulière du physicien dans la physique atomique. En premier lieu, on peut exprimer la divergence entre la physique contemporaine et la physique d'autrefois par ce qu'on appelle la relation d'indétermination. On a établi qu'il est impossible d'indiquer simultanément, à volonté et exactement, la position et la vitesse d'une particule atomique. On peut mesurer exactement la position, mais alors l'intervention de l'instrument d'observation interdit jusqu'à un certain point de connaître la vitesse ; dans le cas contraire, la connaissance de la position devient imprécise lorsqu'on mesure la vitesse, si bien que la constante de Planck a constitué une limite inférieure d'approximation du produit de ces deux imprécisions. Cette formulation montre en tout cas la raison pour laquelle les concepts de la mécanique newtonienne ne peuvent désormais nous conduire beaucoup plus loin, car pour calculer un processus mécanique, il faudrait connaître simultanément la position et la vitesse du corpuscule à un moment déterminé et c'est précisément ce que la théorie des quanta estime impossible. Niels Bohr, avec une autre formule, a introduit le *concept de caractère complémentaire*. Il entend par là que diverses images claires au moyen desquelles nous décrivons des systèmes d'atomes, tout en s'appliquant à certaines expériences, s'annulent pourtant réciproquement. Ainsi il est possible par exemple de décrire l'atome de Bohr comme un petit système planétaire : au centre, un noyau ; tout autour, des électrons qui gravitent autour de ce noyau. Pour d'autres expériences, il sera pourtant utile de se représenter que le noyau est entouré d'un système d'ondes statiques dont la fréquence décide de la radiation de l'atome. Enfin, on peut aussi considérer l'atome comme un objet de la chimie ; on est en mesure de calculer sa réaction thermique lorsqu'il s'unit à d'autres atomes, mais on ne pourra pas observer simultanément le mouvement des électrons. Il en ressort que ces diverses images sont correctes à condition de les employer correctement ; mais elles se contredisent et, en conséquence, on les dit complémentaires l'une de l'autre. L'indétermination qui pèse sur chacune de ces images est formulée par les relations d'indétermination et est suffisante pour éviter des contradictions logiques entre les différentes images. Sans entrer dans les détails de la mathématique de la théorie des quanta, ces quelques indications feront comprendre que *la connaissance incomplète d'un système doit représenter une part essentielle de chaque énoncé de la théorie des quanta*. Les lois de la théorie quantique doivent être de nature statistique. Voici un exemple : nous savons qu'un atome de radium peut émettre des rayons α. La théorie des quanta est capable d'indiquer, par unité de temps, le degré de probabilité, pour la particule α, d'abandonner le noyau ; mais elle ne peut prévoir le moment précis de cet événement, lequel est indéterminé par principe. On ne peut pas davantage supposer que, dans l'avenir, de nouvelles lois seront découvertes qui nous permettraient alors de déterminer ce moment précis ; car si cela devait être, on ne comprendrait pas la raison pour laquelle on considère encore la particule α comme une onde qui quitte le noyau ; pourtant l'expérience prouve qu'il en est ainsi. Le caractère paradoxal des diverses expériences qui démontrent la nature ondulatoire aussi bien que corpusculaire de la matière atomique, nous oblige à formuler des lois statistiques. Cet élément statistique de la physique atomique ne joue en général aucun rôle dans les processus à grande échelle, car, dans ce domaine, la probabilité des lois statistiques est si élevée que l'on peut considérer ce processus comme pratiquement déterminé. Il est vrai qu'il existe toujours des cas où le processus à grande échelle dépend du comportement d'un seul ou de quelques rares atomes ; on ne peut alors prévoir que statistiquement ce processus. J'aimerais en donner la preuve par un exemple connu bien que très déplaisant, à savoir celui de la bombe atomique. Lorsqu'il s'agit d'une bombe ordinaire, on peut calculer d'avance la force de l'explosion à partir du poids de la matière explosive et de sa composition chimique. Pour ce qui est de la bombe atomique, nous pouvons indiquer une limite supérieure et une limite inférieure de la force de l'explosion, mais, en principe, il est impossible de calculer exactement cette force d'avance, car elle dépend du comportement d'un petit nombre d'atomes pendant le processus d'allumage. Il existe probablement des processus analogues en biologie — Jordan les a soulignés tout particulièrement — où des phénomènes à échelle humaine sont gouvernés par des processus qui concernent des atomes isolés ; ceci semble particulièrement le cas lors des mutations des gènes dans le processus de l'hérédité. Ces deux exemples ont été choisis pour expliquer les conséquences pratiques du caractère statistique de la théorie des quanta ; son développement aussi est déterminé depuis plus de vingt ans et on ne saurait présumer ici d'un changement de principe dans l'avenir.

4. *Histoire de la physique de l'atome*

Néanmoins, au cours des toutes dernières années, un point de vue nouveau est venu s'ajouter à l'ensemble des problèmes de la causalité ; comme nous l'avons dit plus haut, ce point de vue est issu du développement récent de la physique de l'atome. Les questions centrales actuelles sont le résultat logique du progrès de cette science au cours des deux siècles derniers ; c'est pourquoi nous devons revenir brièvement à l'histoire de ses phases récentes. Au début de l'ère moderne, le concept d'atome était lié à celui d'élément chimique. Un corps simple est caractérisé par le fait qu'on ne peut le décomposer chimiquement. C'est pourquoi chaque élément possède une espèce d'atome particulière. Ainsi une partie de l'élément carbone consiste entièrement en atomes de carbone, une partie de l'élément fer se compose entièrement d'atomes de fer. On a donc été obligé d'admettre autant d'espèces d'atomes qu'il existe d'éléments chimiques. Comme nous avons fini par connaître 92 éléments chimiques différents, il a fallu aussi admettre l'existence de

92 espèces d'atomes. Une telle représentation est cependant très insatisfaisante du point de vue des postulats de base de la science atomique. À l'origine la position et le mouvement de l'atome étaient censés expliquer les qualités de la matière. Cette représentation n'aurait une véritable valeur explicative que si les atomes étaient tous identiques ou s'il n'existait que quelques rares espèces d'atomes différentes entre elles, c'est-à-dire si les atomes mêmes ne possédaient aucune qualité. Mais lorsqu'il faut admettre 92 atomes qualitativement différents, l'affirmation qu'il existe des objets qualitativement différents ne nous fait pas gagner beaucoup de terrain. Aussi l'idée de l'existence de 92 particules a été considérée depuis longtemps comme insatisfaisante et on a supposé qu'il devait être possible de réduire ces 92 variétés d'atomes à un nombre plus petit de composants élémentaires. On a donc rapidement tenté de concevoir les atomes chimiques mêmes comme composés de quelques rares éléments de base. Les tentatives les plus anciennes de transmutation d'une matière chimique en une autre étaient en effet de tout temps fondées sur le postulat de l'homogénéité de la matière malgré les apparences. De fait, il s'est avéré au cours des cinquante dernières années que les atomes chimiques sont composés et qu'ils sont constitués par seulement trois éléments de base que nous appelons protons, neutrons et électrons. Le noyau de l'atome se compose de protons et de neutrons et autour de ce noyau gravitent un certain nombre d'électrons. C'est ainsi que le noyau de l'atome de carbone se compose de six protons et de six neutrons ; et six électrons gravitent autour de lui à une distance relativement grande. Les 92 variétés d'atomes ont

donc été remplacées, grâce au développement de la physique nucléaire dans les années trente, par seulement trois sortes de particules différentes. La science de l'atome a donc exactement emprunté le chemin qui lui avait été tracé par ses propres présupposés. Dès qu'il eut été établi que tous les atomes chimiques se composaient de trois éléments de base, la transmutation des éléments chimiques devenait possible dans la pratique. On sait que la réalisation technique a suivi de près la découverte physique. Depuis la découverte de la *désintégration de l'uranium* par Otto Hahn, en 1938, et le développement technique qui en fut la conséquence, il est devenu possible de procéder à des mutations élémentaires sur une grande échelle.

Cependant, au cours des deux dernières décennies, l'image s'est brouillée de nouveau. Outre les trois particules déjà nommées : proton, neutron et électron, on en a déjà découvert d'autres pendant les années trente, et dans les toutes dernières années le nombre de ces particules nouvelles a augmenté dans des proportions effrayantes. Il s'agit là toujours de particules élémentaires qui, contrairement aux trois éléments de base, sont instables, c'est-à-dire de durée très éphémère. Une variété de ces particules que nous appelons mésons a une durée d'un millionième de seconde, une autre ne vit que pendant la centième partie de cette durée et une troisième variété, dépourvue de charge électrique, ne dure même qu'un centrillionième de seconde. Mais, à l'exception de cette instabilité, les particules nouvelles se comportent dans l'ensemble comme les trois éléments stables de la matière. Au premier abord, il semblerait qu'il devienne de nouveau nécessaire d'admettre l'existence d'un grand nombre de particules élémentaires qualitativement différentes, ce qui serait très insatisfaisant eu égard aux présupposés de la physique de l'atome. Cependant, les expériences de ces dernières années ont montré que, à l'occasion de collisions, les particules élémentaires peuvent se transformer l'une dans l'autre avec un grand déplacement d'énergie. Lorsque deux particules élémentaires, douées d'une grande énergie motrice, entrent en collision, le choc fait naître de nouvelles particules élémentaires et les particules originelles et leur énergie se transforment en une matière nouvelle. La manière la plus simple de décrire ce phénomène est de dire que, au fond, toutes les particules sont faites de la même substance et qu'elles ne représentent que des états divers et stationnaires de la même matière. De ce fait, le nombre trois des éléments de base se réduit encore une fois au nombre un. *Il n'y a qu'une seule matière homogène, mais celle-ci peut exister sous divers états discrets et stationnaires.* Certains de ces états sont stables, à savoir proton, neutron et électron, et beaucoup d'autres sont instables.

5. *La théorie de la relativité et la décomposition du déterminisme*

Les résultats des expériences des dernières années ne permettent guère de douter que la physique atomique se développera dans cette direction. Pourtant, on n'est pas encore parvenu à une formule mathématique des lois de formation des particules. C'est là le problème auquel travaillent actuellement les physiciens atomistes, soit par des expériences qui leur découvrent de nouvelles particules dont ils examinent les propriétés, soit par des théories par lesquelles ils tentent d'établir les lois des rapports entre les propriétés de ces particules et de les formuler mathématiquement.

Au cours de ces tentatives, des difficultés ont surgi du concept de temps. Lorsque l'on s'occupe des collisions des particules élémentaires les plus énergétiques, il faut considérer la structure espace-temps de la théorie de la «relativité spéciale». Dans la théorie quantique de l'enveloppe nucléaire, cette structure espace-temps ne jouait qu'un rôle secondaire, car les électrons de l'enveloppe nucléaire se meuvent à une vitesse relativement lente. Maintenant, nous avons affaire à des particules élémentaires dont la vitesse atteint presque celle de la lumière ; leur comportement ne peut donc se décrire qu'à l'aide de la théorie de la relativité. Il y a cinquante ans, Einstein a découvert que la structure espace-temps n'était pas aussi simple que nous nous la représentons dans la vie quotidienne. Considérons comme passés tous les événements desquels, en principe, nous pouvons savoir quelque chose et comme futurs tous ceux sur lesquels, du moins en principe, nous pouvons exercer une influence : dans ce cas, nous pouvons nous représenter naïvement qu'entre ces deux groupes d'événements se place un moment infiniment court que nous pouvons appeler le présent. C'est la représentation sur laquelle Newton a fondé sa mécanique. Depuis la découverte d'Einstein, en 1905, on sait que, entre ce que je viens d'appeler futur et ce que je viens d'appeler passé, se place un intervalle temporel fini dont la durée dépend de la distance spatiale qui sépare l'événement de l'observateur. Le domaine du présent ne se limite donc pas à un moment infiniment court. La théorie de la relativité admet que, en principe, les actions ne peuvent pas se propager plus vite que la lumière. C'est cet aspect de la théorie de la relativité qui crée des difficultés par rapport aux relations d'indétermination de la théorie des quanta. Selon la théorie de la relativité, les actions ne peuvent se propager qu'à l'intérieur du domaine spatio-temporel ; ce domaine est strictement délimité par ce qu'on appelle le cône de lumière, c'est-à-dire par les points de l'espace-temps atteints par une onde lumineuse qui part d'un centre d'actions. Ce domaine de l'espace-temps est donc, il convient de le souligner, strictement délimité. D'autre part, la théorie des quanta a montré que, quand on précise la position et qu'on délimite strictement l'espace, il en résulte une indétermination infinie de la vitesse ainsi que de l'impulsion et de l'énergie. Cela montre dans la pratique que, si l'on essaye de formuler mathématiquement l'action réciproque des particules, il apparaît toujours un nombre infini de valeurs d'énergie et d'impulsion qui empêchent une formulation mathématique satisfaisante. Au cours des dernières années, ces difficultés ont été l'objet de nombreuses expériences qui n'ont pourtant abouti à aucun résultat concluant. Pour l'instant il faut se contenter de l'hypothèse que, dans des domaines infinitésimaux de l'ordre de grandeur des corpuscules, l'espace et le temps ont une imprécision particulière, ce qui veut dire que même les concepts d'avant et d'après deviennent indéfinissables pour des intervalles de temps aussi réduits. Naturellement rien ne changerait dans la structure espace-temps à grande échelle, mais il faudrait compter avec la possibilité que des expériences concernant des processus dans des domaines infinitésimaux de l'espace-temps montrent que certains d'entre eux se déroulent apparemment en sens inverse de l'ordre causal. Ici les plus récents développements de la physique de l'atome sont de nouveau liés à la question de la loi de la causalité. Il n'est pas encore possible de dire si de nouveaux paradoxes, de nouvelles divergences apparaîtront par rapport à cette loi. Il se peut qu'en tentant de formuler mathématiquement des lois des particules on découvre de nouvelles possibilités qui permettront de contourner ces difficultés. Mais d'ores et déjà, on ne peut guère douter du fait qu'à ce point de son développement la physique moderne de l'atome ne franchisse le seuil du domaine de la philosophie. On ne pourra répondre en définitive à toutes ces questions que lorsqu'il aura été possible de formuler mathématiquement les lois naturelles dans le domaine des particules ; lorsque nous connaîtrons par exemple la raison pour laquelle le proton pèse 1 836 fois plus que l'électron.

Ceci fait comprendre que la physique atomique se soit éloignée de plus en plus des représentations déterministes. D'abord, et dès les débuts de la science de l'atome, par le fait que l'on s'est mis à considérer les lois déterminantes des processus à grande échelle comme des lois statistiques. En principe on maintenait encore le déterminisme, mais en pratique on comptait avec le caractère incomplet de notre connaissance des systèmes physiques. Ensuite, dans la première moitié du siècle, par le fait que le caractère incomplet de la connaissance des systèmes atomiques était désormais considéré comme une partie essentielle de la théorie. Enfin, tout récemment, parce que, pour les durées et les espaces infinitésimaux, le concept de chronologie semble devenir un problème, bien que nous ne puissions pas encore dire comment se résoudront ces énigmes.

de son développement la physique moderne de l'antique théorie atomiste relève du domaine de la philosophie. On ne pourra répondre en définitive à toutes ces questions que lorsqu'il aura été possible de formuler mathématiquement les lois naturelles dans le domaine des particules élémentaires ; nous connaîtrons par exemple la raison pour laquelle le proton pèse 1 836 fois plus que l'électron.

On fait comprendre que la physique atomique se soit éloignée de plus en plus des représentations déterministes. D'abord, dès les débuts de la science de l'atome, par le fait que l'on s'est mis à considérer les lois déterminantes des processus en grand comme des lois statistiques. En principe on maintenait encore le déterminisme, mais en pratique on comptait avec le caractère incomplet de notre connaissance des systèmes physiques. Ensuite, dans la première moitié du siècle, par le fait que le caractère incomplet de la connaissance des systèmes atomiques était désormais considéré comme une partie essentielle de la théorie. Enfin, tout récemment, parce que pour les durées et les espaces infinitésimaux, le concept de chronologie semble devenir un problème, bien que nous ne puissions pas encore dire comment se résoudront ces énigmes.

III

LES RAPPORTS ENTRE LA CULTURE HUMANISTE, LES SCIENCES DE LA NATURE ET L'OCCIDENT

1. *Arguments traditionnels en faveur de la culture humaniste*

On se demande souvent si les connaissances acquises au lycée ne seraient pas de nature trop théorique, trop étrangère au monde et si, à notre époque caractérisée par la technique et les sciences de la nature, une formation plus pratique ne serait pas susceptible de nous préparer à la vie de façon plus adéquate. Ceci nous conduit à la question, fréquemment soulevée, des rapports entre la culture humaniste et les sciences modernes de la nature. N'étant pas pédagogue et ayant peu réfléchi à ces problèmes, je ne peux pas traiter du fond de cette question. Mais je peux essayer de me rappeler mes propres expériences ; j'ai moi-même fréquenté le lycée et j'ai par la suite consacré la plus grande partie de mon travail aux sciences de la nature.

Examinons les raisons pour lesquelles les représentants de la pensée humaniste préconisent toujours l'étude des langues anciennes et de l'histoire de l'Antiquité. À juste titre, ils affirment que toute notre vie culturelle, nos actions, nos pensées, nos sentiments sont enracinés dans la substance spirituelle de l'Occident ; c'est-à-dire dans cet esprit qui a pris naissance dans l'Antiquité ; qui, dès l'abord, a engendré l'art, la poésie, la philosophie grecs ; qui, ensuite, à travers le Christianisme et la fondation de l'Église, a subi sa grande évolution et qui, finalement, à la fin du Moyen Âge, dans une synthèse grandiose de la foi chrétienne et de la liberté de pensée antique, a appréhendé le monde en tant que monde de Dieu et, par les grands voyages, les progrès des sciences de la nature et de la technique, l'a transformé de fond en comble. Par conséquent, dans chaque domaine de la vie moderne, dès que nous allons au fond des choses d'un point de vue soit systématique, soit historique, soit philosophique, toujours nous rencontrons ces structures spirituelles qui ont pris naissance dans l'Antiquité et dans le Christianisme. C'est pourquoi on peut dire en faveur de l'enseignement secondaire humaniste, qu'il est bon de connaître ces structures, même si, en beaucoup d'aspects de la vie pratique, celles-ci ne paraissent pas indispensables.

Les défenseurs de l'humanisme affirment ensuite que toute la force de notre culture occidentale date et a toujours daté de la relation étroite entre la façon dont on pose la question de principe et l'action pratique. Pour ce qui est de l'action pratique, d'autres peuples, d'autres civilisations se sont montrés tout aussi avisés que les Grecs. Mais ce qui, dès le début, a distingué la pensée grecque de celle des autres peuples, c'est la faculté d'élever une question posée au niveau d'un principe et par conséquent d'aboutir à des points de vue susceptibles d'ordonner le pot-pourri des expériences et de les rendre accessibles à la pensée humaine. Cette relation entre la façon de poser le principe et l'action pratique a distingué la Grèce de tous les autres pays ; cette même relation, au moment du nouveau départ de l'Occident à l'époque de la Renaissance, a formé, une fois de plus, le pivot de notre histoire et a engendré les sciences de la nature et la technique modernes. Quand on s'intéresse à la philosophie grecque, on rencontre à chaque pas cette faculté de formuler le principe. Le lecteur des auteurs grecs a ainsi la possibilité de s'exercer à manier l'outil intellectuel le plus puissant que la pensée occidentale ait jamais forgé. On peut donc affirmer que l'enseignement humaniste nous apprend une chose très utile.

Finalement et en troisième lieu, ils affirment tout aussi justement que la fréquentation des Anciens procure à l'homme une échelle de valeurs où les spirituelles priment les matérielles. Car c'est précisément chez les Grecs que la suprématie du spirituel est immédiatement perceptible dans tous les vestiges qu'ils ont laissés. Il est vrai que sur ce point nos contemporains peuvent objecter que l'époque actuelle nous montre l'importance de la puissance matérielle, des matières premières et de l'industrie et que la puissance matérielle l'emporte sur tout pouvoir spirituel. Il n'est en rien conforme à notre époque, diront-ils, de vouloir inculquer aux enfants une surestimation des valeurs spirituelles par rapport aux matérielles.

Mais ceci me fait penser à une conversation que j'ai eue, il y a trente ans, dans une cour d'université. À cette époque Munich était le théâtre de combats révolutionnaires, le centre de la ville était encore occupé par les communistes et avec d'autres camarades de classe de mon âge — j'avais dix-sept ans —

nous fûmes adjoints, comme auxiliaires, à un groupe militaire qui avait pris ses quartiers au séminaire, en face de l'université. Je n'ai plus un souvenir précis de mes motifs. Sans doute ces semaines où nous jouions au soldat nous distrayaient agréablement de nos études au Maximilians-Gymnasium. Dans la Ludwigstrasse on tirait parfois, sans grande ardeur. Tous les jours à midi, nous allions chercher nos rations à la roulante, dans la cour de l'université. C'est ainsi qu'un jour nous eûmes avec un étudiant en théologie une conversation où il s'agissait de savoir si ce combat pour Munich avait au fond le moindre sens ; et l'un de mes camarades affirma avec énergie qu'il était impossible de résoudre des problèmes de pouvoir à l'aide de moyens intellectuels, de discours et de papier : entre nous et les autres, seule la force pouvait décider.

Le séminariste répondit que le simple fait de se demander qui serait défini comme « nous » et qui, comme « les autres », conduisait de toute évidence à une solution purement intellectuelle et qu'il y aurait probablement beaucoup à gagner si cette décision était prise d'une manière plus rationnelle qu'à l'habitude. Nous ne trouvâmes rien à objecter à cette remarque. Une fois que la flèche a quitté la corde de l'arc, elle suit sa direction et seule une force supérieure pourrait l'en faire dévier ; mais sa direction première est déterminée uniquement par celui qui vise et, sans un être doué d'esprit et capable de viser, la flèche ne pourrait pas voler du tout. Il ne paraît donc pas tellement inutile d'enseigner à la jeunesse à ne pas sous-estimer les valeurs spirituelles.

2. *Description mathématique de la nature*

Je me suis trop éloigné de mon véritable sujet et il me faut revenir au moment où, dans le cadre du Maximilians-Gymnasium, à Munich, se situe ma première rencontre avec les sciences de la nature. Car c'est bien des rapports qu'entretiennent les sciences de la nature avec la culture humaniste que je désire parler. C'est en jouant avec des appareils que la plupart des écoliers font leurs premiers pas dans le domaine de la technique et des sciences de la nature. L'exemple des camarades, certains cadeaux de Noël ou même l'enseignement scolaire suscitent le désir de manipuler des petites machines et d'en construire. C'est ce que je fis moi-même, avec ardeur, au cours de mes cinq premières années scolaires. Ces activités, pourtant, ne seraient sans doute restées qu'un jeu et ne m'auraient pas conduit à la véritable science de la nature, si un autre événement n'était survenu. À l'école on nous enseignait les rudiments de la géométrie. La matière me semblait bien aride : les triangles et les quadrilatères excitent moins l'imagination que les fleurs et les poèmes. Mais subitement, dans les paroles de notre excellent professeur de mathématiques, M. Wolff, apparut l'idée qu'il était possible de soumettre ces figures à des axiomes généraux ; qu'il était possible non seulement de reconnaître et de lire certains résultats dans les figures, mais aussi de les démontrer mathématiquement.

L'idée que les mathématiques pouvaient en quelque sorte s'adapter à des objets de notre expérience me semblait remarquable et passionnante. Il m'arriva ce qui arrive rarement quand il s'agit des biens intellectuels que nous dispense l'école : d'habitude, l'enseignement fait passer devant nos yeux les différents paysages du monde de l'esprit sans que nous puissions vraiment nous familiariser avec eux. Selon les capacités du professeur, ces paysages sont éclairés d'une lumière plus ou moins vive, si bien que la mémoire en retient les images plus ou moins longtemps. Mais dans quelques cas rares un objet entré de la sorte dans le champ de la vision se met à luire de sa lumière propre, d'abord indistinctement, puis plus vivement ; finalement son rayonnement occupe une place toujours grandissante dans notre pensée, se communique à d'autres objets et devient finalement une partie importante de notre propre vie.

Voilà ce qui m'arriva lorsque je compris que les mathématiques s'accordent avec les choses de notre expérience ; comme je l'appris à l'école, les Grecs, Pythagore et Euclide, possédaient déjà cette connaissance. Stimulé par les cours de M. Wolff, je m'essayai tout seul aux mathématiques et je trouvai que jouer à accorder les mathématiques avec la perception immédiate était au moins aussi amusant que la plupart des autres jeux. Par la suite, la géométrie devint pour moi un champ trop étroit pour ce jeu qui me procurait tant de plaisir. Certains livres m'apprirent que, dans le domaine de la physique aussi, les mathématiques pouvaient contrôler le comportement des appareils que je bricolais moi-même ; je me mis à étudier, à l'aide de la collection de Göschen ou autres manuels un peu élémentaires, les mathématiques nécessaires pour formuler les lois physiques, avant tout le calcul différentiel et intégral. Les découvertes des Temps Modernes de Newton et de ses successeurs m'apparurent alors comme la continuation immédiate de ce que les mathématiciens et philosophes grecs avaient cherché à réaliser, je dirais même qu'elles m'apparurent identiques. L'idée que le monde des sciences de la nature et de la technique modernes puisse se distinguer fondamentalement de celui de la philosophie de Pythagore ou d'Euclide ne m'effleurait même pas.

En fait, sans que je m'en rendisse vraiment compte et en toute innocence scolaire, le plaisir que me procurait la description mathématique de la nature m'avait fait rencontrer le trait fondamental de la pensée occidentale, à savoir cette relation entre la façon de poser le principe et l'action pratique. Les mathématiques constituent pour ainsi dire le langage à l'aide duquel une question peut être posée et résolue, mais cette question même vise un processus du monde pratique et matériel ; c'est ainsi que la géométrie servait à l'arpentage des terres arables. Cette expérience a fait que, pendant plusieurs années scolaires, je fus bien davantage attiré vers les mathématiques que vers les sciences de la nature ou vers mes appareils ; ce n'est que dans les deux dernières classes que la balance pencha de nouveau en faveur de la physique ; curieusement ce fait se produisit par la rencontre fortuite d'un échantillon de la physique moderne.

3. *Les atomes et la culture humaniste*

Nous nous servions alors d'un manuel de physique très bon à certains égards, mais qui, on le comprend, traitait de la physique moderne d'une manière encore assez parcimonieuse. Néanmoins, les dernières pages contenaient quelques indications sur les atomes et j'ai conservé le vif souvenir d'une illustration où l'on voyait un nombre assez grand d'atomes. Cette image devait apparemment montrer l'état d'un gaz à l'échelle corpusculaire. On y voyait des groupes dont chacun était formé par un petit nombre d'atomes reliés entre eux par des agrafes et des œillets qui étaient vraisemblablement censés représenter une combinaison chimique. En outre le texte nous apprenait que, d'après l'avis des philosophes grecs, les atomes représentaient les parties infinitésimales et indivisibles de la matière. Cette image fit toujours lever en moi les objections les plus vives et j'étais indigné de ce qu'un manuel de physique pût contenir de telles sottises. Car, me disais-je, si vraiment les atomes constituent des corps accessibles à une perception aussi grossière que le livre voulait nous le faire croire, s'ils ont une forme compliquée au point de posséder même agrafes et œillets, alors il est impossible qu'ils soient les plus petites parties indivisibles de la matière.

Je fus soutenu dans mon attitude par un ami en compagnie duquel, dans le cadre d'un groupement de jeunesse, j'avais fait de nombreuses promenades et qui s'intéressait à la philosophie bien plus que moi. Ce camarade, qui avait lu plusieurs études concernant l'atomisme chez les anciens philosophes, était également tombé sur un manuel de physique moderne de l'atome (il me semble qu'il s'agissait de l'ouvrage de Sommerfeld *Structure de l'atome et lignes spectrales*) et y avait vu des atomes très clairement reproduits. Il en avait retiré la ferme conviction que la physique de l'atome tout entière était erronée et il tenta de m'en persuader. Nos jugements étaient alors certainement plus sûrs et plus rapides qu'aujourd'hui. Je fus d'avis comme mon ami que des images d'atomes clairement dessinées devaient nécessairement être fausses ; mais je me réservai d'en imputer la faute au dessinateur.

Il n'en restait pas moins que je désirais faire plus ample connaissance avec les fondements véritables de la physique atomique et c'est là qu'un autre événement fortuit me vint en aide. À cette époque, nous venions de commencer la lecture d'un dialogue de Platon. Mais les cours étaient irréguliers. J'ai déjà raconté comment nous avions servi, au cours de combats révolutionnaires à Munich, auprès d'un groupe militaire stationné au séminaire en face de l'université. Nous n'y étions pas astreints à de lourds travaux ; bien au contraire, le danger de traîner sans rien faire était plus à craindre que le surmenage. En outre, nous étions tenus à une permanence de nuit, de sorte que nous menions une vie joyeuse de loisir, débarrassés de tout contrôle de la part des parents ou des professeurs.

L'été de 1919 était très chaud et, surtout le matin de bonne heure, nous n'avions pratiquement pas de service. C'est ainsi qu'il m'arrivait souvent de me retirer, dès le lever du soleil, sur le toit du séminaire et de m'allonger en compagnie d'un livre dans le chéneau pour me chauffer au soleil, ou bien de m'asseoir au bord du toit pour observer l'éveil de la vie dans la Ludwigstrasse. Un jour l'idée me vint d'emporter sur le toit un volume de Platon et le désir de lire autre chose que les textes scolaires me fit tomber, avec ma connaissance relativement modeste du grec, sur le dialogue *Timée* où, pour la première fois, je pus puiser aux sources mêmes de la philosophie grecque de l'atome. Cette lecture éclaira considérablement pour moi les idées fondamentales de la science de l'atome. Je croyais saisir, du moins partiellement, les raisons qui avaient incité les philosophes grecs à penser à des moellons de la matière infinitésimaux et indivisibles. La thèse que Platon défend dans le *Timée*, et d'après laquelle les atomes seraient de véritables corps, ne me semblait pas, il est vrai, d'une clarté lumineuse ; néanmoins, je fus satisfait de constater que ces atomes ne possédaient ni agrafes ni œillets. En tout cas, c'est déjà à cette époque que la conviction se fit jour en moi qu'il n'était guère possible de s'occuper de physique atomique moderne sans connaître la philosophie grecque de la nature ; et j'estimais que le dessinateur de cette fameuse gravure représentant des atomes aurait bien pu étudier son Platon plus à fond, avant de se mettre à la confection de ses illustrations.

C'est ainsi, et de nouveau sans bien savoir comment, que je m'étais familiarisé avec une idée fondamentale de la philosophie grecque de la nature, idée qui a jeté un pont entre l'Antiquité et les Temps Modernes et dont la force considérable ne s'est déployée que depuis la Renaissance. On s'est accoutumé à désigner sous le nom de matérialisme cette tendance de la philosophie grecque, à savoir la théorie atomiste de Leucippe et de Démocrite. Mais, bien qu'elle soit historiquement exacte, cette terminologie prête facilement à confusion de nos jours, étant donné que le terme « matérialisme » a pris, au cours du XIXe siècle, une signification exclusive qui ne s'accorde nullement avec l'évolution de la philosophie grecque de la nature. On échappera à cette interprétation erronée de la science antique de l'atome en se souvenant que le premier savant moderne qui, au XVIIe siècle, reprit l'étude de l'atome, était le théologien et philosophe Gassendi, qui n'était certes pas suspect de vouloir, à l'aide de cette science, combattre les enseignements du christianisme. Rappelons-nous aussi que, pour Démocrite, les atomes étaient les caractères qui servent à inscrire le devenir de l'univers, mais non pas son contenu. Le matérialisme du XIXe siècle, par contre, s'est développé à partir de pensées d'un tout autre ordre, caractéristiques des Temps Modernes, et dont l'origine remonte seulement à cette division du monde, opérée par Descartes, en une réalité matérielle et une réalité spirituelle.

4. *Les sciences de la nature et la culture humaniste*

Le grand courant des sciences de la nature et de la technique qui traverse notre époque procède par conséquent de deux sources appartenant au domaine de la philosophie antique. Et même si maint autre affluent est venu grossir la masse des eaux fertiles de ce fleuve, l'origine première reste toujours clairement décelable. Dans ce sens, les sciences de la nature trouveront donc une nourriture utile dans la culture humaniste. Il est vrai que ceux qui prônent une éducation surtout pratique, apte à préparer la jeunesse à la lutte pour l'existence, pourront toujours répliquer que la connaissance de ces bases spirituelles n'est pas, malgré tout, d'une grande utilité pour la vie pratique. Pour être en mesure de tenir sa place dans l'existence, disent-ils, il faut acquérir les talents pratiques de la vie moderne : les langues vivantes, les procédés techniques, l'habileté commerciale et l'intelligence des chiffres. Quant à la culture humaniste, elle ne serait pour ainsi dire qu'un ornement, qu'un luxe accessible seulement aux rares élus auxquels le destin aurait rendu la lutte pour l'existence plus facile qu'aux autres.

Ceci peut être vrai pour tous ceux qui projettent de consacrer leur vie à une activité exclusivement pratique et qui n'ont pas l'intention de contribuer personnellement à la configuration spirituelle de notre époque. Mais celui qui, inassouvi, a le désir d'aller au fond des choses dans n'importe quel domaine, soit en technique, soit en médecine, rencontrera tôt ou tard ces sources antiques et trouvera pour ses travaux personnels de multiples avantages, en prenant aux Grecs leur principe de pensée et leur façon de poser la question de principe. Dans l'œuvre de Max Planck, par exemple, il apparaît clairement, me semble-t-il, que la pensée de l'auteur fut influencée et fécondée par l'enseignement humaniste. On voudra bien m'autoriser à relater ici, une fois de plus, une expérience personnelle qui prit place trois ans après la fin de mes études secondaires. À cette époque, je faisais mes études à l'université de Göttingen et j'eus une conversation avec un camarade à propos de ce problème de la perceptibilité des atomes qui m'avait déjà tellement inquiété à l'école et qui semblait se profiler à la manière d'une énigme à travers les phénomènes encore ininterprétables de la spectroscopie. Cet ami prit la défense des images perceptibles et fut d'avis qu'il suffirait, à l'aide de la technique moderne, de construire un microscope à très grand pouvoir grossissant où, par exemple, les rayons gamma remplaceraient la lumière naturelle. Un tel instrument, dit-il, permettrait finalement d'apercevoir directement la forme même d'un atome et mettrait fin du même coup à mes réticences à l'égard des images sensibles.

Cette objection me troubla profondément. J'appréhendais, en dépit de tout, de revoir dans ce microscope imaginé les agrafes et œillets de mon manuel de physique, ce qui m'obligea à réfléchir à la contradiction apparente contenue dans cet exercice de pensée, en prenant pour bases les idées fondamentales de la philosophie grecque. Dans cette situation, la discipline d'une pensée qui part de principes, acquise à l'école, me fut d'un secours considérable et m'incita en tout cas à ne pas me satisfaire de demi-solutions apparentes ; en outre, la connaissance que j'avais de la philosophie grecque de la nature me fut d'une grande utilité.

De même, si l'on agite de nos jours la question de la valeur de la culture humaniste, il ne me semble plus guère possible de prétendre que la référence à la philosophie de la nature constitue un cas unique dans les annales de la physique moderne de l'atome, et que des problèmes de principe de cette sorte ne se posent pratiquement jamais dans le domaine des sciences de la nature, de la technique et de la médecine. Cela serait déjà faux pour la simple raison que de nombreuses disciplines scientifiques se trouvent étroitement reliées par leurs bases à la physique de l'atome et que, tout comme celle-ci, elles conduisent par conséquent au même genre de problèmes de principe. L'édifice de la chimie a pour fondations la physique de l'atome, l'astronomie moderne en est étroitement dépendante et n'est guère susceptible de progresser sans elle, et même en biologie, on commence à jeter des ponts vers la physique de l'atome. Au cours des dernières décennies, les liens qui unissent les diverses sciences naturelles sont devenus bien plus apparents qu'ils ne l'étaient auparavant. Fréquemment, on reconnaît les signes de l'origine commune, et, d'une façon ou d'une autre, cette origine commune réside finalement dans la pensée antique.

5. *La foi en notre tâche*

Avec cette constatation, je suis presque revenu à mon point de départ. À l'origine de la culture occidentale, on trouve cette relation étroite, établie par les Grecs, entre l'énoncé de la question de principe et l'action pratique. C'est sur cette relation que repose encore aujourd'hui toute la force de notre civilisation. De nos jours encore, presque tout progrès en dérive, et, dans ce sens, se déclarer pour la culture humaniste signifie aussi simplement se déclarer pour l'Occident et sa force, génératrice de culture.

Mais en avons-nous encore le droit, alors que la puissance et l'autorité de l'Occident ont diminué au cours des dernières décennies dans des proportions si effrayantes ? — À cela, nous répondrons en premier lieu qu'il ne s'agit pas du tout ici de ce à quoi nous avons droit ou autres choses semblables, mais uniquement de ce que nous *voulons*. En effet, ce n'est pas sur une notion théorique que repose toute l'activité de l'Occident, en vertu de laquelle nos ancêtres se seraient estimés en droit d'agir ; les choses se sont passées tout autrement. Au commencement était — et est toujours dans des cas semblables — la foi. Je ne parle pas seulement de la foi chrétienne en un univers harmonieusement ordonné par Dieu, mais aussi, plus simplement, de la foi qui consiste à croire en notre tâche ici-bas. Bien entendu, croire ne veut pas dire ici : tenir pour vrai ceci ou cela, mais croire signifie toujours : voici ce à quoi je me résous, voici ce sur quoi j'engage mon existence ! Lorsque Christophe Colomb entreprit son premier voyage vers l'ouest, il croyait que la terre était ronde et assez petite pour qu'on en puisse faire le tour. Non seulement cette théorie lui paraissait exacte, mais il engagea sur elle son existence. À ce propos, dans l'histoire de l'Europe telle qu'il l'a récemment relatée et où il parle de ces questions, Freyer emploie à juste titre la formule antique : *Credo ut intellegam* — « je crois afin de comprendre » ; et, l'appliquant aux grands voyages, Freyer l'a élargie en y ajoutant un terme intermédiaire : *Credo ut agam ; ago ut intellegam* — « je crois afin d'agir ; j'agis afin de comprendre ». Cette formule s'adapte non seulement aux premières circumnavigations, mais aussi à tout le domaine des sciences occidentales de la nature, je dirai même : à l'entière mission de l'Occident. Elle contient à la fois la culture humaniste et les sciences de la nature. D'autre part, ne nous laissons pas aller à des excès de modestie : une moitié du monde contemporain, à savoir l'Ouest, est parvenue à un degré de puissance incomparable en matérialisant, à un degré jusqu'alors jamais atteint, l'idée occidentale de la domination et de l'exploitation des forces naturelles par la science. L'autre moitié du monde, l'Est, tire sa cohésion de la confiance qu'elle a mise dans les thèses scientifiques d'un philosophe et économiste européen. Personne ne sait ce que l'avenir nous réserve, ni quelles sont les puissances spirituelles qui gouverneront le monde, mais il nous faut commencer par croire à quelque chose et vouloir quelque chose.

Nous voulons que la vie spirituelle redevienne florissante ici, et qu'ici, en Europe, continuent à naître les idées qui déterminent l'aspect du monde. Nous engageons notre existence sur le pari que, dans la mesure où nous saurons nous souvenir de notre origine et retrouver le chemin vers la coopération harmonieuse des forces de notre continent, même les conditions matérielles de la vie en Europe deviendront plus heureuses qu'elles ne le furent au cours des cinquante dernières années. Nous voulons que notre jeunesse, en dépit du chaos extérieur, grandisse dans l'atmosphère spirituelle de l'Occident, et qu'elle puise aux sources de la force qui a fait vivre notre continent pendant plus de deux mille ans. Ne nous soucions qu'en second lieu des points de détail ! Il n'est pas d'une importance primordiale que nous nous déclarions pour l'enseignement humaniste ou pour un autre système scolaire. Mais en tout cas et avant toute autre chose, nous devons nous déclarer pour l'Occident !

SOURCES HISTORIQUES

I. LES DÉBUTS DES SCIENCES NATURELLES MODERNES

Dans l'exposé qui précède, nous nous sommes efforcés de dégager les lignes générales des problèmes qui se posent à l'homme contemporain par suite des changements intervenus en physique et dans les sciences naturelles, changements qui confèrent un sens particulier aux développements historiques. Le lecteur aura la possibilité de suivre cette évolution de la conception des sciences naturelles à l'aide de quelques textes d'auteurs.

Il est évident qu'une anthologie aussi succincte ne saurait indiquer, même de façon approximative, la totalité des sources. Elle a pour seule ambition d'éclairer quelques tournants essentiels dans l'histoire des sciences naturelles, susceptibles de contribuer à une meilleure compréhension des explications qui précèdent.

JOHANNES KEPLER

(27 déc. 1571 - 15 nov. 1630)

À la fin du XVIe et au début du XVIIe siècle, les sciences naturelles restent, dans une large mesure, prisonnières de la conception médiévale, pour qui la nature est avant tout une création de Dieu.

« Il y a surtout trois choses dont je n'ai cessé de rechercher les causes, les raisons qui les ont faites telles et non pas autres : il s'agit du nombre, de la grandeur et du mouvement des orbites. La belle harmonie qui existe entre les choses au repos — soleil, astres fixes et espaces intermédiaires — et Dieu le Père, le Fils et le Saint-Esprit, m'a convaincu de tenter cette recherche », écrit Johannes Kepler dans la Préface du *Mysterium cosmographicum*. Il faut lire dans le livre de la nature pour célébrer Dieu. Il a fondé le monde selon un ordre et une règle et a donné à l'homme l'esprit en plus des sens, afin qu'il puisse dépasser l'existence des choses et s'élever jusqu'aux causes de leur existence et de leur devenir. Il y a correspondance parfaite entre les facultés de l'homme et la réalité de la création ; celle-ci reflète l'harmonie universelle. « Je crois que les causes de la plupart des choses de ce monde peuvent être déduites de l'amour de Dieu pour les hommes. Sûrement, personne ne contestera qu'en parant le monde Dieu n'a cessé de penser à ses futurs habitants. Car l'homme est la fin du monde et de toute création (*finis enim et mundi et omnis creationis homo est*). Pour cette raison, je crois que Dieu a trouvé la terre, destinée à porter et à nourrir la véritable image du créateur, digne de tourner au milieu des planètes de telle façon qu'il y en ait un aussi grand nombre à l'intérieur qu'à l'extérieur de ses orbites. (*Mysterium cosmographicum*, chap. IV.) »

DÉDICACE DE LA PREMIÈRE ÉDITION DU « MYSTERIUM COSMOGRAPHICUM »

Aux illustrissimes et nobles seigneurs, Sigismund Friedrich, baron de Herberstein, Neuberg, Guttenhag, au sieur Lankowitz, trésorier héréditaire et écuyer grand maître de cuisine héréditaire, de Carinthie, conseiller de Sa Majesté impériale et du très illustre archiduc d'Autriche, capitaine de la province de Styrie,

et

aux sieurs N.N. des illustres métiers de Styrie, à mes seigneurs bienveillants

salut et hommage.

Il y a sept mois, je vous avais promis une œuvre que les savants estiment belle et attrayante et bien supérieure aux calendriers annuels ; c'est ce travail que je viens enfin soumettre à votre noble cercle, ô illustres seigneurs. Il est modeste quant à son volume et exécuté avec une peine modérée, mais il traite d'un sujet on ne saurait plus merveilleux. Veut-on de l'ancien ? Pythagore déjà s'y est attaché. Souhaite-t-on du neuf ? Je suis le premier à faire connaître ce sujet aux hommes d'une façon générale. Cherche-t-on l'importance ? Rien n'est plus grand ni plus étendu que l'univers. Exige-t-on de la noblesse ? Rien n'est plus exquis ni plus beau que la clarté de notre temple divin. Veut-on discerner les mystères ? Rien dans la nature n'est ou n'a été plus secret. *Mon sujet ne contentera pas tout le monde, uniquement parce que son utilité n'apparaît pas aux étourdis.* Il s'agit ici du livre de la nature, dont les Saintes Écritures font si grand cas. Saint Paul le présente aux païens, afin qu'ils y contemplent Dieu comme le soleil dans l'eau ou dans un miroir. Pourquoi nous, chrétiens, nous délecterions-nous moins de cette contemplation, alors qu'il est de notre devoir de célébrer, de révérer et d'admirer Dieu dans la vérité ? Notre recueillement en faisant cela sera d'autant plus grand que nous discernerons mieux la création et sa grandeur. En vérité, combien de louanges au Créateur, au vrai Dieu, n'a pas chantées David, le véritable serviteur de Dieu ? Il a puisé son inspiration dans la contemplation admirative du ciel. Les cieux proclament la splendeur de Dieu, dit-il. Je contemplerai les cieux, l'œuvre de Tes mains, la lune et les étoiles que Tu as façonnées. Grand est notre Seigneur et grande est sa puissance ; il dénombre la multitude des étoiles et appelle chacune par son nom. À un autre moment, animé par le Saint-Esprit, empli de joie sacrée, il crie à l'univers : Louez, ô cieux, le Seigneur et vous, soleil et lune, chantez ses louanges. Pourtant, le ciel, les étoiles ont-ils une voix ? Peuvent-ils louer Dieu comme le font les hommes ? Nous disons justement que même ces astres louent Dieu en offrant aux hommes des idées pour le faire. Dans les pages qui suivent, nous délierons donc la langue des cieux et de la nature pour que leurs voix retentissent plus fort ; et que personne ne nous accuse d'avoir perdu notre peine en faisant cela.

Je ne dirai pas quel témoignage décisif mon sujet apporte en faveur du fait de la création, que certains philosophes ont nié. Car nous voyons ici comment Dieu, tel un architecte humain, a entrepris de fonder le monde selon l'ordre et la règle et a tout mesuré de telle manière qu'on pourrait croire que ce n'est pas l'art qui prend la nature pour modèle, mais que Dieu lui-même s'est inspiré de l'architecture des futurs hommes pour créer le monde.

Faut-il donc compter la valeur des choses divines en sous, comme si c'étaient des condiments ? Mais, me dira-t-on, que sert la connaissance de la nature, et que sert toute l'astronomie lorsqu'on a l'estomac vide ? Les hommes sensés ne prêtent pas oreille à l'ignardise, qui donne cet argument pour crier qu'il faut renoncer à toute étude de cette sorte. On tolère les peintres et les musiciens parce qu'ils réjouissent nos oreilles, bien qu'ils ne soient par ailleurs d'aucune utilité pour nous. La jouissance que nous procurent leurs œuvres passe pour être convenable et même pour honorer l'homme. Quelle ignardise, quelle bêtise que d'envier à l'esprit ce que l'on accorde volontiers aux yeux et aux oreilles ! Celui qui s'élève contre une telle réjouissance s'élève contre la nature même ! L'infinie bonté du Créateur, qui a tiré la nature du néant et lui a donné vie, n'a-t-elle pas pourvu chaque être de ce qui lui est nécessaire et donné en plus à tous de la beauté et de la joie à profusion ? L'esprit de l'homme, maître de toute la création, fait à Sa propre image, serait-il seul privé de délices ? Nous ne demandons pas quelle utilité le petit oiseau espère tirer de son chant, car nous savons que chanter est une joie pour lui, parce qu'il a été créé pour chanter. De même, il ne faut pas demander pourquoi l'esprit humain prend tant de peine pour percer les mystères des cieux. Celui qui nous a façonnés a ajouté l'esprit à nos sens, pas seulement pour que l'homme puisse assurer sa subsistance — beaucoup d'espèces vivantes, dont l'âme ignore la raison, le peuvent bien mieux — mais aussi pour nous permettre de passer de l'existence des choses que nos yeux aperçoivent aux causes de leur existence et de leur devenir, même si cette démarche n'a aucune autre utilité. De même que la subsistance des autres êtres vivants et du corps de l'homme exige nourriture et boisson, l'âme de l'homme, qui est différente de l'ensemble de l'homme, se nourrit de cette connaissance qui l'enrichit et encourage pour ainsi dire sa croissance. Aussi, l'homme qui ne porte pas en lui le désir de ces choses ressemble davantage à un mort qu'à un vivant. Et, de même que la nature veille à ce que la nourriture ne manque jamais aux êtres vivants, nous pouvons dire à juste titre que les phénomènes naturels sont si variés, les trésors cachés dans l'édifice céleste si précieux afin que l'esprit humain ne manque jamais de nourriture fraîche, qu'il ne se lasse jamais de l'ancien ni ne trouve le repos, mais qu'il trouve toujours en ce monde un atelier ouvert pour l'exercice de son esprit.

Ce que j'ai, dans ce livre, soustrait à la table richement servie du Créateur ne perd rien de sa valeur pour ne pas être au goût de la multitude, qui le dédaigne. L'oie est plus prisée que le faisan, car tout le monde connaît la première, alors que le second est plus rare ; pourtant aucun gourmet ne ferait moindre cas du faisan que de l'oie. De la même manière, mon sujet aura une valeur d'autant plus grande qu'il trouvera moins de laudateurs, pourvu que ceux-ci fussent des connaisseurs. La même chose ne sied pas au commun qu'aux princes ; l'astronomie n'offre pas indistinctement une nourriture pour tous, mais uniquement pour l'esprit ambitieux ; et cela non pas par ma faute, parce que je l'aurais voulu ainsi, non pas par la nature de la chose, ni parce que Dieu serait jaloux, mais parce que la plupart des hommes sont bêtes et lâches. Les princes se font servir à leurs festins un mets particulièrement délicieux qu'ils ne goûtent que lorsqu'ils sont rassasiés, afin de chasser la satiété. De la même manière, l'homme le plus sage prendra goût à ces recherches et à d'autres, semblables, seulement quand il aura quitté sa demeure, parcouru les villages, les villes, les provinces et les royaumes, embrassant du regard le grand empire de la terre entière pour tout découvrir avec exactitude : alors, s'il ne trouve nulle part ce qui pourrait le rendre bienheureux, qui serait véritablement durable, qui pourrait apaiser sa faim et le rassasier, alors il cherchera mieux, il s'élèvera de la terre vers le ciel et plongera son âme, épuisée par les vains soucis, dans cette grande paix ; alors il dira :

« Heureux l'esprit dont le souci fut d'explorer cela
Et qui s'éleva le premier vers les hauteurs célestes. »

Il se mettra à mépriser ce qui lui importait jadis et tiendra désormais les œuvres divines en haute considération ; il atteindra enfin par leur contemplation à une béatitude complète et pure. Que ces efforts ne rencontrent qu'un mépris profond, que les hommes cherchent le bonheur, la richesse et les trésors où bon leur semble — les astronomes se satisfont de la seule gloire de savoir qu'ils écrivent leurs œuvres pour les sages et non pour les criards, pour les rois et non pour les porchers.

Je proclame sans hésiter qu'il y aura encore des hommes pour imiter Charles-Quint, qui, maître de l'Europe, ne parvint pas à trouver ce que, las de régner, il découvrit dans l'étroite cellule du monastère Yuste et qui, au milieu de toutes les fêtes, parmi les titres, les triomphes, les richesses, les cités et les royaumes, tira tant de plaisir de la planisphère fabriquée d'après Pythagore et Copernic qu'il échangea le monde entier contre elle et préféra régner sur les orbites célestes à l'aide d'un instrument de mesure plutôt que de gouverner les peuples à l'aide d'un sceptre.

Écrit le 15 mai, et commencé ce même jour, un an auparavant.

Votre très dévoué
M. Joannes Keplerus,
Mathématicien de votre école à Graz.

(J. Kepler, *Mysterium cosmographicum*).

Kepler considère non seulement que la nature est une œuvre de Dieu, mais il estime également vain d'interroger le monde sans tenir compte de Dieu. La quantité permet à l'esprit humain d'appréhender la nature et de discerner sa réalité spirituelle. Dans une lettre du 14 septembre 1599 adressée à Herwart von Hohenburg, Kepler écrit : « Toute intuition n'est pas fausse. En effet, l'homme est fait à l'image de Dieu et il se peut bien que, sur certaines choses, qui sont la parure du monde, il pense la même chose que Dieu. Car le monde participe à la quantité et l'esprit de l'homme (chose surnaturelle dans le monde) n'appréhende rien aussi bien que *précisément les quantités*, pour la connaissance desquelles il est manifestement créé. »

Le deuxième chapitre du *Mysterium cosmographicum* que nous reproduisons ici, souligne que le quantitatif permet d'appréhender les propriétés des corps ; le quantitatif devient ainsi le point de départ d'une détermination abstraite qui rend l'œuvre divine accessible à l'esprit humain.

Aussi Kepler s'efforce-t-il de dériver les effets constatés a posteriori — par l'expérience — de raisons a priori, découlant des causes.

ESQUISSE DE MA PREUVE PRINCIPALE

Pour en arriver au sujet et confirmer par une nouvelle démonstration les enseignements de Copernic sur le monde nouveau, que je viens d'exposer, je voudrais brièvement reprendre la chose dès le début.

Au commencement, Dieu créa le corps. Si nous avons cette notion, il est à peu près évident pourquoi, au commencement, Dieu créa le corps et non une autre chose. Je dis que la quantité était donnée à Dieu ; pour la réaliser, tout ce qui appartient à la nature du corps était nécessaire, afin que la quantité du corps, dans la mesure où il est tel, soit forme et devienne *le point de départ de la détermination abstraite*. Dieu a voulu que la quantité préexiste à toute autre chose afin qu'une comparaison entre le *courbe*[1] *et le droit* soit possible. Nicolas de Cuse et d'autres me sont apparus si divinement grands précisément pour la raison qu'ils ont placé si haut le rapport entre le droit et le courbe et ont osé adjoindre le courbe à Dieu et le droit aux choses créées. C'est pourquoi ceux qui tentent d'appréhender le Créateur au travers des créatures, Dieu au travers de l'homme, les pensées divines au travers des pensées humaines, ne font guère œuvre plus utile

1. Par « courbe » entendez ici rond ou en forme d'ellipse.

que ceux qui essayent d'atteindre le courbe au travers du droit, le cercle au travers du carré.

Mais pourquoi Dieu, en créant le monde, a-t-il établi les différences entre le courbe et le droit ainsi que le sens noble du courbe? Pourquoi cela? Eh bien, parce que l'architecte le plus parfait devait nécessairement créer une œuvre de la plus grande beauté. Car il n'est pas et n'a jamais été possible (Cicéron le dit à la suite du *Timée* de Platon) que celui qui est le meilleur crée autre chose que le plus beau. Le Créateur ayant conçu en esprit l'idée du monde (nous nous exprimons à la façon des hommes afin que nous, hommes, puissions comprendre) et l'idée ayant pour contenu quelque chose de déjà existant et, comme je viens de le dire, quelque chose de parfait, il fallait que la forme de l'œuvre à créer devienne également parfaite; d'après ces lois que Dieu s'est imposé dans sa grande bonté, Dieu ne pouvait extraire l'idée qui fonderait le monde d'autre chose que de sa propre nature. L'excellence et la divinité de celle-ci peut être envisagée de deux manières: d'une part en elle-même, dans la mesure où Dieu est un dans sa substance et trois dans sa personne, d'autre part par comparaison avec les créatures.

Dieu voulut imprimer cette image, cette idée, au monde. Afin que le monde devienne le meilleur et le plus beau des mondes, afin qu'il puisse recevoir cette idée, le Créateur, dans son infinie sagesse, a fait la grandeur et inventé les quantités dont la réalité est arrêtée dans la distinction entre les notions de droit et de courbe; le courbe représente Dieu des deux manières que nous venons de dire. Mais il ne faut pas croire non plus qu'une distinction aussi utile pour symboliser Dieu s'est présentée par hasard, de telle manière que Dieu, sans y avoir réfléchi, aurait créé la grandeur en tant que corps pour d'autres raisons et partant d'une autre décision et que la comparaison entre le droit et le courbe et la ressemblance de ce dernier avec Dieu se serait faite d'elle-même, fortuitement.

Il est bien plus vraisemblable que Dieu a choisi dès l'origine le courbe et le droit pour inscrire dans le monde la divinité du Créateur; les quantités permettaient l'existence de l'un et de l'autre et afin que les quantités puissent être comprises, il créa le corps avant toute chose.

Voyons maintenant comment le Créateur parfait a utilisé les quantités pour édifier le monde et de quelle manière il a vraisemblablement procédé. Ensuite, nous rechercherons parmi les hypothèses anciennes et nouvelles celle qui répond à la question et nous décernerons la palme à son auteur.

Aristote déjà a exposé de façon suffisamment détaillée que le monde est entouré d'une forme sphérique en appuyant sa démonstration, entre autres, sur la signification de la surface de la sphère. Pour les mêmes raisons, la sphère extérieure des astres fixes conserve encore cette forme, même si aucun mouvement ne l'atteint; le soleil se trouve en son centre, comme dans son giron le plus profond. Le fait que les autres orbites sont rondes ressort du mouvement circulaire des astres. Il n'est donc pas nécessaire d'ajouter d'autres preuves pour démontrer que le courbe a trouvé emploi dans la parure du monde. Alors que nous percevons trois sortes de quantités dans le monde — la forme, le nombre et le volume des corps — nous ne trouvons le courbe que dans la forme. Le volume est hors de cause, puisque deux figures semblables inscrites l'une dans l'autre et ayant le même centre (par exemple deux sphères, deux cercles) se touchent soit en tous leurs points, soit en aucun. Le sphérique lui-même, représentant une quantité de caractère tout à fait unique, ne peut être adjoint qu'à la Trinité. Donc si Dieu, au moment de la création, s'était préoccupé du seul courbe, notre univers comprendrait uniquement le soleil en son centre, image du Père, la sphère des astres fixes en sa surface, image du Fils, et l'éther céleste qui emplit tout, c'est-à-dire l'étendue et le firmament, image du Saint-Esprit. Étant donné, cependant, que les astres fixes sont innombrables, que les planètes existent en quantité bien déterminée et que les diverses orbites célestes sont de grandeur différente, nous devons nécessairement chercher les causes de tout cela dans la notion du droit, sans quoi il faudrait admettre que Dieu a agi à l'aventure ; personne ne me convaincra de cela, pas même dans le cas des astres fixes dont la disposition nous paraît pourtant des plus irrégulières, comme si elle résultait du hasard de semailles.

Passons aux quantités droites. De même que nous avions choisi la surface de la sphère parce qu'elle est la quantité la plus parfaite, prenons maintenant les corps, qui sont les plus parfaites des quantités droites et comportent trois dimensions. Il est établi que l'idée du monde est parfaite. Les lignes et les surfaces droites étant infinies dans leur nombre et donc impropres à toute classification, nous les laisserons de côté dans le monde délimité, bien ordonné et parfaitement beau. Nous nous contenterons de passer en revue les corps, dont il existe une infinité de sortes, et nous en distinguerons quelques-uns par des caractéristiques déterminées ; je songe à ceux qui possèdent des côtés, ou des angles, ou des plans latéraux égaux un à un, ou deux à deux, ou conformément à toute autre loi déterminée, de telle façon que l'on puisse aboutir à une sélection limitée. Si, maintenant, une espèce de corps, définie par des conditions déterminées, se compose d'un nombre limité de sortes, mais se divise en une immense variété de corps, nous utiliserons les angles et les centres des surfaces latérales de ces corps pour figurer la variété, la grandeur et la position des astres fixes, si cela est possible. Mais si cela dépasse les forces de l'homme, nous remettrons l'étude du nombre et de la position des astres fixes jusqu'à ce que quelqu'un puisse indiquer leur nombre et la grandeur de chacun, sans exception. Laissons donc les astres fixes à la sagesse du divin architecte qui seul connaît le nombre des étoiles et les appelle chacune par son nom, et tournons nos regards vers les astres plus proches, moins nombreux et mobiles.

Si nous faisons une sélection parmi les corps en éliminant tous ceux qui sont irréguliers pour ne retenir que ceux dont les surfaces latérales sont toutes coïncidentes et isogones, il nous reste ces cinq corps réguliers que les Grecs ont appelés des noms suivants : le cube ou hexaèdre, la pyramide ou tétraèdre, le dodécaèdre, l'icosaèdre et l'octoèdre. Il ne peut pas y en avoir d'autres que ces cinq-là : voir là-dessus Euclide, livre XIII, note consécutive au paragraphe 18.

De même que le nombre de ces corps est bien déterminé et très limité, alors que les autres sortes de corps sont incalculables ou infinies, de même il devait y avoir dans le monde deux espèces d'astres, qui se différencient par un caractère évident (tel que le repos ou le mouvement) ; l'une des espèces doit tendre vers l'infini : c'est le cas des astres fixes ; l'autre doit être étroitement limitée, comme l'est le nombre des planètes. Il n'y a pas lieu d'exposer ici pourquoi les uns sont mobiles et non les autres. Mais si l'on admet que les planètes ont besoin du mouvement, il s'ensuit que, pour l'obtenir, elles devaient être pourvues d'orbites rondes.

Nous en arrivons donc à l'orbite circulaire par le mouvement et aux corps par le nombre et la grandeur. Que nous reste-t-il, sinon de dire avec Platon que *Dieu est toujours géomètre* et qu'en façonnant les planètes il a inscrit les corps dans les cercles et les cercles dans les corps jusqu'à ce qu'il n'y ait plus un seul corps qui ne soit pourvu, intérieurement et extérieurement, de cercles mobiles. Les théorèmes 13 à 17 du livre XIII d'Euclide montrent à quel point ces corps sont, de par leur nature, propres à ce processus d'inscription et de circonscription. Si, maintenant, nous emboîtons les cinq corps les uns dans les autres et traçons, pour terminer, des cercles entre eux, aussi bien qu'à l'extérieur d'eux, nous obtenons des cercles au nombre de six.

S'il existe un siècle qui ait expliqué l'ordre du monde en le fondant sur l'hypothèse qu'il existe six orbites mobiles autour du soleil immobile, celui-là a, en tout cas, laissé la vraie astronomie. *Or, Copernic précisément parle de six orbites de cette espèce dont le rapport deux à deux est tel que les cinq corps cités s'emboîtent parfaitement en elles.* Aussi faut-il écouter Copernic tant que personne n'aura trouvé des hypothèses qui concordent mieux encore avec nos constatations philosophiques ou enseigné que ce qui a été directement déduit des principes de la nature peut se glisser tout à fait par hasard dans les chiffres comme dans l'esprit humain. *En effet, que pourrait-il y avoir de plus étonnant, que pourrait-on inventer de plus probant que le fait de voir constater et appréhender avec la plus grande certitude, par des raisons découlant a priori des causes, de l'idée qui préside à la création, tout ce que Copernic a constaté et établi d'après les phénomènes, les effets, a posteriori, comme un aveugle s'appuyant sur son bâton (c'est ce qu'il aimait à dire), grâce à une inspiration heureuse plus qu'à une déduction sûre ?*

(J. Kepler, *Mysterium cosmographicum*, chap. II).

Deux choses frappent le lecteur contemporain, qui se fait une certaine idée des sciences naturelles modernes :

1° Pour Kepler, les sciences naturelles *ne sont nullement un moyen au service du bien-être matériel de l'homme, permettant le développement de la technique*, et qui l'aide à mieux s'installer dans le monde imparfait en lui ouvrant la voie du progrès. Les sciences naturelles sont, au contraire, un moyen d'élever l'esprit, de trouver la paix et la consolation dans la contemplation de la perfection éternelle de la création.

2° En liaison étroite avec le point précédent, on trouve un étonnant *mépris de tout ce qui est empirique*. L'expérience n'est que la découverte fortuite de rapports qui peuvent être appréhendés avec une certitude bien plus grande par la compréhension des raisons a priori. La concordance parfaite entre l'ordre des « choses sensibles » — œuvre de Dieu — et les lois mathématiques et intelligibles — « pensées » de Dieu — est l'idée fondamentale des *Harmonices mundi*. *Des motifs platoniciens et néoplatoniciens ont conduit Kepler à penser que la lecture de l'œuvre de Dieu — de la nature — n'est rien d'autre que la connaissance du rapport existant entre les quantités et les figures géométriques.* « La géométrie, éternelle comme l'est Dieu, et irradiant de l'esprit divin, a fourni à Dieu les images pour façonner le monde, afin que celui-ci devienne le meilleur et le plus beau, le plus semblable au créateur » (*Harmonices mundi*).

ŒUVRES DE KEPLER :

Kepleri Opera Omnia, Chr. Frisch éd., 8 vol., 1858-1871. – *Gesammelte Werke*, W. v. Dyck et M. Caspar éd., vol. 1, 1937. – *Mysterium Cosmographicum* (1596) ; tr. all. par M. Caspar, *Das Weltgeheimnis*, 1923. – *Ad Vitellionem Paralipomena* (1604) ; tr. all. partielle par F. Plehn, *Zusätze zur Optik des Witelo*, Ostwalds Klassiker der Naturw. n° 198. – *Astronomia nova* (1609) ; tr. all. par M. Caspar, *Neue Astronomie*, 1929. — *Dissertatio cum Nuncio Sidereo* (1610) ; tr. all. par O. Bryck in *J. K.'s Zusammenklänge der Welten*, 1918. – *Dioptrice* (1611) ; tr. all. par F. Plehn, Ostwalds Klassiker n° 144. — *Harmonices mundi* (1619) ; tr. all. par M. Caspar, *Weltharmonik*, 1939. – *Epitome Astronomiae Copernicanae* (Livres I-III : 1618. Livre IV : 1620). – *Johannes Kepler in seinen Briefen*, M. Caspar et W. v. Dyck éd., 2 vol., Munich, 1930.

ÉTUDES SUR KEPLER :

M. Caspar, *Bibliographia Kepleriana* (1936). – K. Stöckl, *Kepler-Festschrift*, Partie I, 1930. – M. Caspar, *Johannes Kepler*, 2e éd., 1950 ; *Johannes Kepler's wissenschaftliche und philosophische Stellung*, 1935 ; *Kopernikus und Kepler*, 1943 ; J. K. in « Das Deutsche in d. dt. Phil. », 1941. – E.F. Apelt, *J. K.'s astronomische Weltansicht*, 1849. – L. Günther, *Kepler und die Theologie*, 1905. – H. Kaiser, *Kepler als Philosoph*, 1932. – K. Hildebrandt, *Kopernikus und Kepler*, 1944.

GALILÉE

(15 févr. 1564 - 8 janv. 1642)

Galilée vécut à peu près à la même époque que Kepler ; pourtant le climat de ses œuvres est déjà tout autre : on y sent immédiatement le départ de la pensée scientifique moderne.

Si le savant approfondit l'observation de phénomènes naturels déterminés, il découvre qu'il est possible de les isoler, de les déterminer et de les connaître mathématiquement. L'arbitraire n'a pas sa place dans les sciences naturelles dont les conclusions sont nécessaires et universellement valables. C'est ce que montre le *Dialogo dei massimi sistemi* (vol. 1, p. 288, Florence, 1824) : la nature ne crée pas les esprits humains d'abord et les choses ensuite, afin que ceux-ci s'adaptent aux premiers, mais inversement. *L'observation, l'expérience doivent précéder tout discours* : dans ce processus les sens — en tant qu'instruments — ont priorité. Par conséquent, nous ne pouvons connaître que des portions bien délimitées de la nature. Ceux qui ne sont pas disposés à faire preuve de modestie dans leurs observations et leurs descriptions, en restant à l'intérieur de limites préétablies, sont condamnés à ne rien connaître du tout.

L'expérience doit confirmer les propriétés des corps de façon que la définition coïncide avec les phénomènes. Galilée écrit dans une lettre à Carcarille, datée du 5 juin 1637 (vol. VII, p. 156, Florence, 1855) : « Si l'expérience montre que les propriétés que nous avons déduites trouvent confirmation dans la chute libre des corps, nous pouvons affirmer, sans crainte d'erreur, que le mouvement concret de chute est identique à celui que nous avons défini et présupposé : si ce n'est pas le cas, nos démonstrations, qui s'appliquaient à notre seule hypothèse, ne perdent rien de leur force et de leur valeur, pas plus que les propositions d'Archimède sur la spirale ne pâtissent du fait qu'on ne trouve dans la nature aucun corps auquel on puisse attribuer un mouvement en spirale. »

Nous trouvons ici l'énoncé étonnamment clair et concis d'un principe fondamental de la pensée scientifique moderne : ce principe fondamental *établit le rapport alternatif entre les hypothèses et l'expérience.* Pour observer la nature, l'esprit humain développe des hypothèses qui doivent être mathématiques, logiquement concluantes. Les démonstrations mathématiques portent sur ces hypothèses. Le fait qu'elles soient concluantes ne donne cependant aucune indication quant à l'existence réelle, dans la nature, des rapports tels qu'ils sont envisagés dans les hypothèses. *Les hypothèses n'acquièrent le caractère de lois naturelles que si elles ont été employées pour l'expérience empirique et confirmées par celle-ci.* Des hypothèses qui sont, en soi, logiques, mathématiques, mais ne correspondent à rien dans la nature, ne cessent pas pour autant d'être concluantes mais ne constituent pas une loi naturelle.

Léonard de Vinci (1452-1519) rejetait déjà tout raisonnement ne partant pas du critère de l'observation : cependant, l'observation pure est insuffisante ; elle devient fructueuse seulement lorsqu'elle est effectuée en partant d'hypothèses établies, que l'expérience doit confirmer. Aussi affirme-t-il que, là où il y a des constatations expérimentales, il y a également des raisons (*ragioni*) c'est-à-dire des points de départ pour les questions que nous posons à la nature. L'expérience n'apporte jamais qu'une réponse limitée de la nature. Là où les raisons existent, elles peuvent également être précisées de façon mathématique. Ainsi, pour Léonard de Vinci, déjà les mathématiques deviennent le lien décisif entre l'esprit de l'homme et la réalité de la nature.

L'élément nouveau dans cela : il ne s'agit plus d'une observation quelconque de la nature, *mais d'une observation qui part de principes déterminés* et dont le déroulement s'oriente selon des règles de raisonnement très précises. C'est donc le procédé de l'observation expérimentale qui sert à constater si des conceptions théoriques déterminées concordent avec l'observation et, si oui, dans quelle mesure elles le font.

Galilée distingue la compréhension extensive et la compréhension intensive des phénomènes, cette dernière étant, pour lui, la progression par étapes des sciences naturelles modernes, alors que la compréhension extensive serait la connaissance directe du tout à partir de la raison originelle, donc une compréhension réservée en dernier ressort à Dieu seul.

a) *Galilée se défend contre la tradition*

Pour imposer cet idéal de pensée et de méthode, Galilée doit avant tout prévenir les objections possibles de la tradition chrétienne et des représentants de la tendance pseudo-aristotélicienne en sciences naturelles. Sa fameuse lettre à Elia Diodati ainsi que plusieurs passages du *Dialogo dei massimi sistemi* témoignent de ses efforts pour se libérer de la tradition pétrifiée :

Florence, le 15 janvier 1633.

Si je demande : qui a fait le soleil, la lune, la terre, les étoiles, leurs mouvements et leurs systèmes ? on me répondra sans doute : ils sont l'œuvre de Dieu. Si je demande ensuite : qui a fait les Saintes Écritures, on me répondra certainement qu'elles sont l'œuvre du Saint-Esprit, c'est-à-dire également l'œuvre de Dieu. Si je demande encore : le Saint-Esprit employait-il des paroles qui contredisent la vérité de façon flagrante afin de s'adapter à l'entendement de la multitude — le plus souvent ignare ? — je suis sûr qu'on me répondra, en se référant à tous les auteurs sacrés, que c'est là en effet une habitude des Saintes Écritures où l'on trouve des centaines de phrases qui, prises au pied de la lettre, sont pure hérésie et blasphèmes, car Dieu y apparaît comme un être haineux, repentant, oublieux. Mais si je demande : Dieu a-t-il jamais modifié ses œuvres afin de s'adapter à l'intelligence de la foule, ou, au contraire, la nature, essentiellement immuable et que les désirs humains ne peuvent atteindre, a-t-elle toujours conservé le même genre de mouvements, de formes et de divisions de l'univers ? je suis certain que l'on me répondra : la lune sera toujours ronde, même si elle passa longtemps pour être plate. Pour résumer tout cela en une seule phrase : on n'affirmera jamais que la nature ait changé afin d'adapter ses œuvres à l'opinion des hommes. S'il en est ainsi, je demande pourquoi, voulant atteindre à la connaissance des diverses parties du monde, appliquerions-nous nos recherches aux paroles plutôt qu'aux œuvres de Dieu ? L'œuvre est-elle moins auguste que le verbe ? Si quelqu'un avait affirmé : dire que la terre se meut est une hérésie ! et que la démonstration et l'observation aient ensuite démontré qu'elle se mouvait effectivement, quelles difficultés n'en résulteraient pas pour l'Église ! Si au contraire, dans tous les cas où les œuvres ne concordent pas avec le verbe, on considère l'Écriture Sainte comme étant secondaire, cela ne lui portera aucun préjudice, elle s'est souvent adaptée à l'opinion de la multitude et a souvent attribué des qualités tout à fait erronées à Dieu. Je demande donc : pourquoi voulons-nous qu'elle se soit exprimée avec tant d'exactitude en parlant du soleil, de la terre ?

«DIALOGUE SUR LES DEUX PRINCIPAUX SYSTÈMES»

Premier Jour.

SAGREDO : Vouloir faire de la faculté de compréhension humaine la mesure de ce que peut la nature m'a toujours paru être la plus grande présomption, alors qu'au contraire pas un seul des événements, aussi insignifiant soit-il, qui se déroulent dans la nature ne peut être pleinement connu, même par la méditation la plus profonde. La vaine prétention de vouloir tout comprendre provient uniquement du manque total de toute connaissance. Celui qui aurait essayé, ne serait-ce qu'une seule fois, de comprendre parfaitement une chose, et qui aurait goûté à la science véritable, reconnaîtrait qu'il ne comprend aucune des autres vérités innombrables.

SALVIATI : Ce que vous dites là est irréfutable. L'exemple de ceux qui comprennent ou ont compris une chose nous en fournit la preuve : plus ils sont savants, plus ils reconnaissent et avouent volontiers que leur science est petite. L'homme le plus sage de Grèce, celui que l'oracle avait désigné comme tel, déclarait ouvertement qu'il avait conscience de ne rien savoir.

SIMPLICIO : Par conséquent, soit l'oracle, soit Socrate a menti, puisque le premier voyait en lui le plus sage des hommes alors que le second se reconnaissait complètement ignorant.

SALVIATI : Ni l'un ni l'autre n'est nécessairement le cas, puisque les deux jugements peuvent être vrais. L'oracle désigne Socrate comme le plus sage de tous les hommes, dont la science est limitée. Socrate reconnaît son ignorance par rapport à la science, qui est infinie. Étant donné que beaucoup ne représente pas une partie de l'infini plus grande que peu ou rien — par exemple, pour obtenir un nombre infiniment grand, il est aussi utile d'additionner des milliers que des centaines ou des zéros — Socrate avait pleinement conscience que sa science limitée n'était rien en comparaison de celle, infinie, qui lui faisait défaut. Mais comme les hommes possèdent, eux aussi, un certain savoir, qui est inégalement réparti, Socrate pouvait en posséder une part plus grande que les autres et la réponse de l'oracle se trouvait ainsi justifiée.

SAGREDO : Je crois comprendre ce point à merveille. Les hommes, signore Simplicio, possèdent le pouvoir d'agir, mais ils ne le possèdent pas tous au même degré. L'influence d'un empereur est certainement bien plus grande que celle du simple citoyen, mais l'une comme l'autre ne sont rien, comparées à la toute-puissance de Dieu. Il y a des hommes qui s'y connaissent mieux en agriculture que d'autres ; mais quel rapport y a-t-il entre l'art de planter un pied de vigne et celui de lui faire prendre racine, de lui amener la nourriture, d'en choisir une partie pour le développement des feuilles, une autre pour la formation des sarments, une autre encore pour celle des raisins, de leur pulpe et de leur peau ; pourtant, la nature fait tout cela. Ce n'est que l'une des innombrables œuvres qu'elle accomplit, et elle révèle à elle seule une sagesse infinie; cela nous donne la mesure de la science de Dieu qui est égale à l'infini multiplié par l'infini.

SALVIATI : Prenons un autre exemple. L'art de découvrir une statue magnifique dans un bloc de marbre a placé le génie de Buonarroti bien au-dessus de l'esprit commun des autres hommes, n'est-ce pas ? Et pourtant, une telle œuvre n'est rien de plus que l'imitation externe, superficielle d'une seule attitude du corps et des membres d'un homme immobile. Qu'est-ce en comparaison de l'homme tel que l'a créé la nature, qui possède tant d'organes externes et internes, une telle quantité de muscles, de tendons, de nerfs, d'os, permettant tant de mouvements divers ? Et les sens donc, les facultés de l'âme, l'intelligence enfin ? Ne pouvons-nous pas dire à juste titre que la création d'une statue est une œuvre infime par rapport au façonnage d'un homme vivant, et même du ver le plus méprisable ?

SAGREDO : Et quelle pouvait bien être la différence entre un pigeon naturel et celui d'Archytas[1] ?

SIMPLICIO : Si je fais partie des hommes qui possèdent du jugement, il y a une contradiction manifeste dans ce que vous dites. Vous considérez l'intelligence comme la principale des qualités que possède l'homme créé par la nature, et pourtant vous venez de dire avec Socrate que son intelligence n'était rien. Il faudrait donc dire que la nature elle-même n'a pas su produire un esprit capable de comprendre.

SALVIATI : Votre objection est fort perspicace;

1. Pythagoréen, philosophe et homme d'État, vers 400-365 avant J.-C. Il aurait construit un pigeon automatique, capable de voler.

pour y répondre, on est obligé d'avoir recours à une distinction philosophique — à savoir que la notion de compréhension peut s'employer de deux manières différentes : du point de vue intensif ou du point de vue extensif. Extensivement, c'est-à-dire par rapport à la quantité des choses à comprendre, dont le nombre est infini, l'intelligence humaine est égale à néant, même si elle connaît mille vérités ; en effet, par rapport à l'infini, mille n'est pas supérieur à zéro. Cependant, si l'on considère la compréhension du point de vue intensif, dans la mesure où cette expression désigne l'intensité, c'est-à-dire la perfection dans la connaissance d'une vérité donnée, j'affirme que l'intellect humain comprend quelques vérités d'une façon aussi parfaite et avec une certitude aussi absolue que peut le faire la nature elle-même. Les connaissances purement mathématiques, en particulier la géométrie et l'arithmétique, appartiennent à cette catégorie. Bien sûr, l'esprit divin connaît un nombre infiniment plus grand de vérités mathématiques, puisqu'il les connaît toutes. Mais la connaissance du petit nombre d'entre elles que l'esprit humain a comprises égale, à mon avis, la connaissance divine en certitude objective, car elle atteint à l'entendement de leur nécessité et il ne peut sans doute y avoir de degré de certitude supérieur à celui-là.

SIMPLICIO : Voilà ce que j'appelle un propos décidé et audacieux.

SALVIATI : Ce que je viens de dire est universellement reconnu et échappe à tout soupçon de présomption ou de témérité. Ces propos ne portent aucun préjudice à l'omniscience divine, de même que la toute-puissance de Dieu n'est nullement en cause lorsqu'on dit que Dieu ne peut défaire ce qui est fait. Mais je présume, signore Simplicio, que vous concevez quelques soupçons parce que vous avez mal compris une partie de mes paroles. Donc, pour mieux me faire entendre, je déclare qu'en effet la vérité, dont la connaissance est fournie par les preuves mathématiques, est identique à celle que connaît la sagesse divine ; je vous concéderai cependant que la façon dont Dieu connaît les nombreuses vérités, dont nous ne connaissons qu'un petit nombre, est bien supérieure à la nôtre. Nous procédons par débats progressifs et avançons par étapes, de conclusion en conclusion, alors qu'Il comprend par un simple coup d'œil. Ainsi, par exemple, pour acquérir la connaissance de quelques-unes des propriétés du cercle, qui sont infiniment nombreuses, nous commençons par l'une des plus simples, la posons comme définition, et passons de là, par déduction, à une deuxième, puis à une troisième et une quatrième propriété, etc. L'intellect divin, au contraire, comprend l'infinie multitude des propriétés du cercle par simple conception de sa nature, sans recourir à un examen temporel. En réalité, ces propriétés sont déjà virtuellement contenues dans les définitions de toutes choses et, bien qu'infinies par leur nombre, elles forment peut-être une unité dans leur substance et dans l'esprit divin. Cela n'est même pas complètement étranger à l'intellect humain, mais bien obscurci par un épais voile de brouillard, qui s'éclaircit quelque peu et devient plus transparent, lorsque nous avons maîtrisé certaines déductions, qui sont rigoureusement démontrées et appartiennent à tel point à notre patrimoine spirituel que nous pouvons rapidement passer de l'une à l'autre. Par exemple, le théorème établissant que le carré de l'hypoténuse est égal à la somme des carrés des deux autres côtés, n'est-ce pas, au fond, la même chose que de dire : des parallélogrammes ayant une base commune sont égaux ? Et cette dernière proposition ne s'identifie-t-elle pas, en fin de compte, à celle qui veut que deux surfaces soient égales si elles se recouvrent parfaitement lorsqu'elles sont superposées ? Ces transitions pour lesquelles notre esprit a besoin de temps, qu'il accomplit pas à pas, l'intellect divin, telle la lumière, les parcourt en un instant, ou, ce qui revient au même, elles lui sont constamment présentes. J'en déduis que notre connaissance est infiniment inférieure à celle de Dieu, tant par la manière que par la quantité. Cependant, je ne la méprise pas au point de la regarder comme absolument nulle. Si je considère plutôt combien de choses merveilleuses les hommes ont compris, exploré et réalisé, je ne reconnais et ne comprends que trop clairement que l'esprit humain est une œuvre de Dieu et l'une de ses créations les plus distinguées.

SAGREDO : Je me suis déjà bien souvent adonné à des considérations sur ce dont vous venez de parler, sur la perspicacité de l'esprit humain. Lorsque je fais le tour de toutes les merveilleuses découvertes de l'humanité dans les domaines des arts et des sciences et que je songe ensuite à mon savoir qui ne permet aucunement d'en faire de nouvelles et pas même de comprendre celles qui ont été faites, je suis confus d'étonnement, écrasé de désespoir et me crois presque malheureux. Lorsque je contemple une statue admirable, je me dis : quand sauras-tu donc extraire pareil noyau d'un bloc de marbre, découvrir la forme splendide qu'il recelait ? Ou encore, mélanger différentes couleurs et les étaler sur une toile, sur un mur, pour représenter tout le royaume du visible, comme l'ont fait Michel-Ange, Raphaël ou le Titien ? Si je considère la manière dont l'homme a appris à organiser les intervalles musicaux, dont il a élaboré des préceptes et des règles, afin de les utiliser pour l'émerveillement de nos oreilles, comment pourrais-je cesser de m'étonner ? Et tous les divers instruments donc ? Comme la lecture des poètes emplit d'admiration celui qui suit attentivement la naissance et l'explication de leurs pensées ! Et que dire de l'architecture, de la navigation ? Mais au-dessus de toutes ces inventions étonnantes, s'élève l'esprit qui inventa le moyen de communiquer les pensées aux autres hommes quels que soient la distance et le temps qui nous en séparent, de parler à celui qui demeure en Inde, à ceux qui naîtront seulement dans 1 000 et 10 000 ans. Et cela avec une facilité incroyable : il suffit d'assembler de façon différente quelque vingt signes sur une feuille de papier ! Nous pouvons considérer cela comme l'apogée de toutes les admirables découvertes humaines, et clore là-dessus notre conversation pour aujourd'hui. Les heures les plus chaudes sont passées et je présume que signore Salviati sera heureux de goûter la fraîcheur en faisant une promenade en gondole. Je vous attends tous deux demain, pour poursuivre nos entretiens.

Deuxième jour.

SALVIATI : Hier, nous nous sommes si souvent et si amplement éloignés du droit chemin de nos débats qu'il m'est difficile de retrouver la bonne voie et de poursuivre sans votre secours.

SAGREDO : Je conçois que, ayant la tête surchargée de ce qui a déjà été exposé et de ce qui doit encore l'être, vous ressentiez quelque confusion. Mais moi, simple auditeur, n'ayant à retenir que ce que j'ai entendu, j'espère pouvoir débrouiller le fil de notre discussion en résumant brièvement ce qui s'est dit. Si la mémoire ne m'abuse pas, le principal objet de nos entretiens d'hier fut d'examiner à fond les deux opinions suivantes, afin de découvrir laquelle était la plus vraisemblable et la mieux fondée : celle qui prétend que la substance des corps célestes est incorruptible, indestructible, inaltérable, insensible, en un mot, qu'elle échappe à tout changement, sauf celui de lieu, et constitue donc un cinquième élément entièrement différent de nos corps élémentaires, productibles, destructibles, altérables ; ou bien l'autre opinion, qui refuse pareille différence de conditions entre les parties de l'univers et considère que la terre jouit des mêmes avantages que les autres corps qui le composent, en d'autres termes que c'est une sphère, se mouvant librement, comme la lune, Jupiter, Vénus ou une autre planète. Enfin, nous avons relevé l'existence de nombreux points de détail communs entre la terre et la lune, plus nombreux pour la lune que pour toute autre planète, sans doute parce que nous avons de la lune une connaissance plus précise et mieux perceptible par les sens, en raison de son éloignement moindre. Maintenant que nous sommes enfin arrivés à la conclusion que la seconde opinion possède plus de vraisemblance, la logique me paraît exiger que nous examinions la question du mouvement de la terre :

faut-il considérer qu'elle est immobile — comme l'ont cru la plupart des hommes jusqu'à présent — ou bien qu'elle est mobile, comme le pensaient certains philosophes de l'antiquité ainsi que certains contemporains, et, si elle se meut, quelle peut bien être la forme de son mouvement ?

SALVIATI : Maintenant je connais de nouveau la voie à suivre. Avant de continuer, je voudrais cependant me permettre une remarque à propos de vos dernières paroles. Vous disiez que nous étions arrivés à la conclusion suivante : l'opinion qui prétend que la terre est de la même espèce que les autres corps célestes est plus vraisemblable que l'opinion contraire. Je n'ai jamais affirmé cela, pas plus que je ne considérerai aucune autre des doctrines controversées comme étant démontrée. Mon intention était simplement d'exposer les arguments pour et contre chacune des opinions, les objections qu'on pouvait leur opposer et la façon d'y répondre, toutes choses déjà exprimées par d'autres, et d'y ajouter quelques éléments nouveaux que j'ai découverts au terme d'une longue réflexion. Je laisse cependant au jugement d'autrui le soin de trancher la question.

SAGREDO : Je me suis laissé emporter par mon propre sentiment. Croyant que les autres devaient pen ser comme je le faisais, j'ai généralisé ce que j'aurais dû exprimer de façon plus limitée. En vérité, je me suis rendu coupable d'erreur, surtout que j'ignore l'opinion de signore Simplicio, ici présent.

SIMPLICIO : J'avouerai que j'ai passé la nuit der nière à retourner nos discussions d'hier dans ma tête · je trouve qu'elles contiennent en effet bien des choses belles, nouvelles et justes. Malgré tout cela, je me sens bien mieux convaincu par l'opinion des grands auteurs et en particulier — mais vous hochez la tête, signore Sagredo, et vous souriez comme si je venais de proférer une phrase tout à fait monstrueuse.

SAGREDO : Je me contente de sourire, mais croyez-moi, l'envie d'éclater de rire m'étouffe presque. Vous venez de me rappeler une histoire magnifique dont nous fûmes témoins il y a plusieurs années, moi et quelques-uns de mes amis dont je pourrais encore vous donner les noms.

SALVIATI : Il serait bon que vous nous racontiez la chose, faute de quoi signore Simplicio pourrait peut-être penser que c'est lui qui nous a fait rire.

SAGREDO : Soit. Je me trouvais un jour dans la maison d'un médecin vénitien fort réputé, où les gens venaient fréquemment, pour des raisons d'étude autant que par curiosité, pour voir comment un anatomiste véritablement savant, soigneux et adroit effectuait une autopsie. Il se trouva ce jour-là qu'on cherchait l'origine et le point de départ du nerf qui est un célèbre sujet de querelle entre les médecins de l'école de Galien et les péripatéticiens. Lorsque l'anatomiste eut montré comment le principal faisceau de nerfs, partant du cerveau, descend le long du cou, s'étend à travers la colonne vertébrale et se ramifie dans tout le corps, et comment un mince filet nerveux — pas plus gros qu'un fil — parvient jusqu'au cœur, il se retourna vers un noble spectateur qu'il savait être péripatéticien et en l'honneur de qui il avait dénudé et montré le nerf avec un soin tout particulier, pour lui demander s'il était satisfait et convaincu que les nerfs prenaient leur origine dans le cerveau et non dans le cœur. Sur quoi notre philosophe réfléchit un moment, puis répondit :

Vous m'avez montré tout cela d'une façon si claire, si évidente — n'était le texte d'Aristote où il est nettement dit que l'origine des nerfs se trouve dans le cœur, je me verrais contraint d'admettre que vous avez raison.

SIMPLICIO : Je voudrais tout de même faire remarquer à ces messieurs que cette querelle sur l'origine des nerfs n'est pas complètement terminée, ni tranchée, comme d'aucuns pourraient l'imaginer.

SAGREDO : Elle ne le sera jamais de façon certaine, car les contradicteurs de cette espèce ne manqueront jamais. Cependant, ce que vous dites ne diminue en rien l'étrangeté de la réponse du péripatéticien ; car à une expérience aussi évidente il n'a pas opposé d'autres expériences ou des motifs tirés des textes d'Aristote, mais seulement l'autorité du philosophe — le simple « *ipse dixit* ».

SIMPLICIO : Aristote n'a gagné une si grande renommée que grâce à ses preuves percutantes, à ses recherches approfondies ; mais il faut le comprendre, et non seulement cela — il faut être suffisamment versé dans ses écrits pour en posséder un aperçu parfait afin d'avoir chacune de ses paroles constamment présente à l'esprit. Car il n'a pas écrit pour le grand public, et ne s'est pas contraint à énumérer ses conclusions dans l'ordre, de façon élémentaire. Il procède parfois d'une façon confuse et apporte la preuve d'une affirmation dans un chapitre qui paraît traiter de tout autre chose. C'est pourquoi il faut en avoir un aperçu d'ensemble et combiner tel et tel passage, comparer tel paragraphe à tel autre, qui peut en être fort éloigné. Il n'y a aucun doute que celui qui connaît cet art peut puiser dans les livres d'Aristote les preuves de tout ce que l'on peut connaître ; en effet, ils contiennent tout.

SAGREDO : Mais, cher signore Simplicio, puisque le mélange des textes ne vous chagrine pas et que vous estimez extraire la quintessence d'un ouvrage en comparant et en combinant divers passages, je m'en vais appliquer aux vers de Virgile et d'Ovide le procédé que vous et vos honorables collègues employez pour les textes d'Aristote : je les rafistolerai par petits morceaux et expliquerai ainsi toutes les affaires humaines et tous les secrets de la nature. Mais pourquoi aurais-je besoin de Virgile ou de tout autre poète ? Je possède un petit livre bien plus court qu'un Aristote ou un Ovide, qui contient toutes les sciences et dont on peut avoir un aperçu avec le moins de peine : je parle de l'alphabet. Il n'y a pas de doute : en l'ordonnant comme il convient et en rapprochant telle ou telle voyelle de telle ou telle consonne, on peut obtenir le renseignement le plus sûr sur chaque question douteuse, on peut trouver les enseignements de toutes les sciences, les règles de tous les arts ; tout comme le peintre se contente de mélanger les couleurs qui se trouvent séparément sur sa palette — un peu de celle-ci, un tantinet de celle-là, puis s'en sert pour créer des hommes, des plantes, des bâtiments, des oiseaux, bref pour imiter toutes les choses visibles sans avoir sur sa palette ni yeux, ni plumes, ni écailles, ni feuilles, ni pierres. Il faut qu'aucune des choses à reproduire, ni même aucune partie de l'une d'entre elles ne se trouve réellement parmi les couleurs, si l'on veut pouvoir s'en servir pour tout représenter. S'il y avait là des plumes, par exemple, on ne pourrait les utiliser que pour peindre des oiseaux ou des plumeaux.

SALVIATI : Je connais quelques nobles seigneurs, frais et dispos à ce jour, qui se trouvaient présents lorsqu'un docteur, appartenant à une école connue, entendit décrire le télescope, instrument qu'il n'avait encore jamais vu et affirma que cette invention était empruntée à Aristote. S'étant fait apporter un texte, il y chercha certain passage où il est dit qu'en plein jour, on peut apercevoir les étoiles dans le ciel du fond d'un puits très profond. Le docteur expliqua alors à ses auditeurs : voici le puits — c'est le tuyau ; voilà les vapeurs épaisses — la découverte des lentilles en est une contrefaçon ; et voilà enfin le renforcement de la force visuelle grâce au passage des rayons à travers un corps plus épais, sombre et transparent.

SAGREDO : Cette façon d'embrasser tout ce qui peut être connu ressemble à la manière dont un bloc de marbre contient une ou mille statues splendides ; la difficulté consiste simplement à découvrir. On peut également dire qu'il en est comme des prophéties de Joachim ou des oracles de l'antiquité que l'on comprend seulement lorsque les prédictions se sont accomplies.

SALVIATI : Ne songez-vous pas également aux prédictions des astrologues que l'on peut si clairement déduire de l'horoscope, c'est-à-dire de la position des astres — mais après coup ?

SAGREDO : Il en va de même pour les découvertes des alchimistes : guidés par l'*humor melancholicus*, ils trouvent qu'en réalité tous les esprits les plus éminents n'ont traité aucun autre sujet dans leurs œuvres que l'art de fabriquer de l'or. Cependant, pour enseigner cet art, sans le divulguer au peuple, chacun aurait inventé une façon de faire allusion au grand secret sous le couvert de déguisements variés. Rien n'est plus drôle que de les écouter commenter les poètes anciens, chez qui ils découvrent les mystères les plus importants travestis en fables ! Ils disent ce que signifient les amours de la Lune, sa descente sur la Terre pour Endymion, sa colère contre Actéon, ou la transformation de Jupiter en pluie d'or, puis en flamme ardente ; ils savent quels grands secrets de l'art il y a chez Mercure l'interprète, dans les enlèvements de Pluton, dans les rameaux d'or.

SIMPLICIO : Je crois, et j'en suis même sûr dans certains cas, que les esprits étranges ne manquent pas ; mais nous n'avons pas le droit d'exploiter leur niaiserie au détriment d'Aristote dont, il me semble, vous parlez parfois avec trop peu de respect. Son ancienneté et la grande célébrité qu'il a acquise aux yeux de tant d'hommes émérites devraient suffire pour lui valoir le respect de tous les savants.

SALVIATI : Ce n'est pas tout à fait cela, signore Simplicio. Certains de ses partisans par trop bornés sont — ou plutôt seraient — précisément responsables du fait que l'on estime moins Aristote si l'on prête oreille à leurs platitudes. Mais vous, ayez l'obligeance de me le dire, êtes-vous vraiment naïf au point de ne pas comprendre qu'Aristote, s'il avait été présent lorsque ce docteur lui attribua l'invention du télescope, aurait été bien plus irrité par sa conduite que par celle des auditeurs qui raillèrent son interprétation ? Douteriez-vous par hasard du fait qu'Aristote changerait d'opinion et corrigerait ses livres s'il apprenait les nouvelles découvertes astronomiques ? qu'il se convertirait à des doctrines qui tombent aussi clairement sous les sens et renierait tous les esprits mesquins, bornés au point de maintenir chacune de ses paroles sans comprendre que, si Aristote était tel qu'ils l'imaginent, ce serait un sot, un égoïste, une âme barbare emplie de tyrannie arbitraire, considérant les autres hommes comme du bétail stupide et accordant priorité à sa propre volonté sur les perceptions des sens, sur l'expérience, sur la nature même ? Ce sont les partisans d'Aristote qui lui ont conféré tant d'autorité, ce n'est pas lui qui se l'est attribuée. Et comme il est plus facile de chercher protection derrière le bouclier d'un autre que d'entrer en lice le visage découvert, ils tremblent et n'osent s'en éloigner d'un pas. Plutôt que d'accepter la modification d'une seule chose au ciel d'Aristote, ils nient effrontément ce qu'ils aperçoivent dans le ciel de la nature.

SAGREDO : Les hommes de cette espèce me font penser au sculpteur qui avait taillé un Hercule ou un Jupiter tonnant — je ne sais plus lequel des deux — dans un bloc de marbre. Avec un art merveilleux, il avait su le rendre si vivant, si majestueux, que tous ceux qui l'approchaient étaient saisis de peur et que l'artiste lui-même finit par en éprouver de la crainte, bien que l'expression et le mouvement fussent l'œuvre de ses propres mains. Sa terreur devint si grande qu'il n'osait plus s'en approcher avec le marteau et le ciseau.

SALVIATI : Je me suis souvent étonné que les partisans d'Aristote, qui le défendent au pied de la lettre, ne sentent pas combien ils nuisent à sa considération et à sa réputation et comment, désireux d'accroître son autorité, au contraire ils la diminuent. Lorsque je les vois obstinément défendre des propositions manifestement erronées, lorsqu'ils essayent de me convaincre que c'est ce qui convient à un véritable philosophe, et qu'Aristote lui-même ne procéderait pas autrement, je reviens sur l'opinion qui me faisait penser que, dans d'autres domaines, qui me sont moins accessibles, ses conclusions pourraient être justes. Au contraire, si je les voyais céder devant des vérités évidentes et modifier leur jugement, je croirais que là où ils maintiennent leurs opinions, leurs preuves, que je ne connais ou ne comprends pas, sont certainement justes.

SAGREDO : Ou alors, si leur propre réputation ou celle d'Aristote leur paraît être en danger dès qu'ils admettent que leur maître n'a pas connu telle ou telle découverte faite par un autre, n'auraient-ils pas avantage à la trouver dans ses ouvrages en rapprochant divers passages selon la recette indiquée par signore Simplicio ? Car si toutes les connaissances se trouvent chez Aristote, celle-là également doit y figurer.

SALVIATI : Signore Sagredo, ne raillez pas, car il me semble que vous plaisantez. Cependant, il n'y a pas longtemps, un philosophe renommé avait rédigé un ouvrage sur l'âme, où il reproduisait de nombreuses citations d'Aristote pour illustrer l'opinion de cet auteur quant à l'immortalité de l'âme ; il ne s'agissait pas de citations d'*Alexandre* qui, disait-il, ne traitaient même pas de ce sujet, et tranchaient moins encore ce qui pouvait s'y rapporter, mais de textes trouvés dans des passages tout à fait obscurs et qui avaient un relent dangereux. Lorsqu'on lui fit remarquer qu'il aurait des difficultés à obtenir l'imprimatur, il répondit à son ami en lui demandant d'appuyer néanmoins sa demande ; s'il n'y avait pas d'autre obstacle, il lui serait facile de modifier l'enseignement d'Aristote et de démontrer à l'aide d'autres extraits que les vues contraires étaient conformes à l'esprit du philosophe.

SAGREDO : Tout mon respect est acquis à ce savant ! Il ne se laisse pas abuser par Aristote, il le mène par le bout du nez et le fait danser comme bon lui semble. Vous voyez comme il est important d'attendre le moment propice ! Oh ! esprits serviles d'une bassesse inouïe ! Se rendre volontairement esclave, s'enchaîner irrémédiablement aux opinions d'une volonté étrangère, être contraint à se laisser convaincre par des raisons si percutantes et si démonstratives que l'on ne sait même pas si elles s'appliquent bien à l'objet étudié et si elles sont destinées à confirmer la proposition énoncée ! Le plus extravagant, c'est qu'ils ne sont même pas d'accord entre eux pour dire que l'auteur s'est prononcé pour ou contre une proposition ! N'est-ce pas prendre pour oracle une idole de bois ? Et c'est de là qu'on doit attendre des réponses ? c'est là ce qu'il faut craindre, vénérer, adorer ?

SIMPLICIO : Mais si on renonce à Aristote, qui sera le guide de la science ? Dites un nom d'auteur !

SALVIATI : Un guide est nécessaire dans les pays inconnus, sauvages ; seuls les aveugles ont besoin de protection dans la plaine ouverte. Ceux qui le sont feraient mieux de rester chez eux. Mais celui qui a des yeux, corporels et spirituels, qu'il les prenne pour guides ! Aussi, je ne dis pas qu'il ne faille pas écouter Aristote, au contraire, je félicite ceux qui l'étudient avec application. Je blâme seulement ceux qui se livrent à lui corps et âme et qui souscrivent aveuglément à chacune de ses paroles, leur reconnaissant la valeur de commandements irrévocables sans chercher d'autres raisons. C'est là un abus qui entraîne un autre mal grave : on n'essaye plus de se convaincre de la rigueur de ses propres démonstrations. Qu'y a-t-il de plus honteux qu'une discussion publique portant sur des affirmations démontrables et où l'on voit quelqu'un proférer subitement une citation, qui se rapporte bien souvent à un sujet tout différent, et clouer ainsi le bec à son adversaire ? Cependant, si vous tenez à poursuivre vos études de cette manière, ne vous intitulez plus philosophes, dites-vous plutôt historiens ou docteurs du par-cœur ; car celui qui ne philosophe jamais n'a pas le droit de prétendre au titre honorifique de philosophe. — Mais nous faisons bien de regagner le rivage afin de ne pas nous perdre sur un océan dont nous ne parviendrions plus à sortir de la journée. Aussi, signore Simplicio, soumettez-nous vos raisons et vos preuves, ou celles d'Aristote, mais ne vous appuyez pas uniquement sur des citations ou sur la seule autorité d'un savant ; car nos recherches portent sur le monde des sens et non sur un univers de papier !

(GALILEO GALILEI, *Dialogo dei massimi sistemi. Giornata prima e seconda, Florence*, 1890-1909.)

b) *Galilée ébauche les sciences naturelles modernes*

Les passages de Galilée que nous venons de reproduire ont une signification historique quant aux controverses qui l'opposèrent à la tradition. Voici maintenant un court chapitre extrait d'*Entretiens et démonstrations mathématiques sur deux sciences nouvelles* : il illustre sa nouvelle méthode.

Elle n'a pas pour objet de décrire des phénomènes nouveaux : le mouvement d'un corps en chute a été observé de tout temps ; mais il n'a encore jamais été examiné sous l'angle des lois particulières qui le régissent. Un phénomène est régi par des lois lorsqu'on peut l'isoler parmi les multiples mouvements des corps naturels, l'identifier avec précision et démontrer ses propriétés à l'aide de mesures, de principes ou d'axiomes déterminés. *Démontrer signifie définir et justifier le phénomène observé par rapport à une hypothèse de départ déterminée* : c'est la condition d'une science qui ne se contente pas de constatations fortuites, changeantes, relatives. La définition du phénomène doit donc correspondre au « comportement » de la nature dans le cadre des hypothèses énoncées : « nature » signifie dans ce cas *une section, une tranche rigoureusement délimitée des phénomènes variés qu'enregistrent nos sens.* Sections à l'intérieur desquelles, dit Galilée, « nous nous laissons conduire » par la nature. Les questions et les réponses, les observations et les déterminations ne se font plus en fonction de connaissances métaphysiques, théologiques, d'ordre général ; elles sont au contraire délimitées avec modestie. Alors que Kepler attribuait aux phénomènes — indépendamment de l'observation — un caractère éternel, métaphysique, théologique, Galilée défend la position inverse. Chez Kepler, les sciences naturelles sont encore complètement a-historiques ; avec Galilée elles *acquièrent une dimension historique, du fait que les propriétés des phénomènes à démontrer ne sont examinées que dans le cadre des hypothèses établies par des hommes.* Si elles changent, la description du phénomène considéré de cette façon limitée change de manière correspondante. Cependant, à l'intérieur des limites établies par les hommes pour chaque cas particulier, la nature fournit une réponse toujours identique ; cette obéissance « éternelle », inaltérable, aux lois devient l'objet de la spéculation scientifique et les savants tirent orgueil de sa connaissance.

ENTRETIENS SUR LES DEUX PRINCIPAUX SYSTÈMES

Troisième jour.

À propos d'un objet très ancien, nous allons développer une science toute nouvelle. Il n'y a peut-être rien de plus ancien dans la nature que le mouvement ; les chercheurs lui ont consacré des volumes nombreux et importants. En dépit de cela, je lui trouve plus d'une propriété digne d'être connue et qui n'a pas été observée, encore moins démontrée, jusqu'à présent. On a coutume de mentionner quelques-unes des plus faciles à observer, comme, par exemple, le fait que le mouvement naturel des corps pesants se trouvant en état de chute subit une accélération constante. Mais personne n'a encore fait connaître la loi qui régit cette accélération. Car, à ma connaissance, personne n'a démontré que les distances parcourues en temps égal par un corps auparavant immobile et qui s'est mis à tomber, se comportent comme la progression des nombres impairs en commençant par un. On a observé que les projectiles, ou des corps projetés, décrivent une trajectoire courbe ; mais personne n'a dit qu'il s'agissait d'une parabole. Je démontrerai qu'il en est ainsi et bien d'autres choses intéressantes encore et, ce que j'estime être plus important, j'ouvrirai l'accès d'une science très étendue et éminente dont les travaux qui nous occupent forment les motifs de départ. Des esprits plus perspicaces que le mien pénétreront dans ses régions plus avancées.

Notre exposé sera divisé en trois parties. Dans la première, nous considérerons tout ce qui se rapporte au mouvement régulier ou uniforme ; la seconde traitera [...] du mouvement naturellement accéléré et la troisième, du mouvement violent ou projection.

DU MOUVEMENT NATURELLEMENT ACCÉLÉRÉ

Les particularités du mouvement uniforme ont été discutées dans le livre précédent et il faut maintenant nous pencher sur le mouvement accéléré. Il convient, avant toute chose, de rechercher et d'expliquer la définition correspondant exactement au comportement réel de la nature. Car, bien qu'il soit possible d'inventer arbitrairement une quelconque forme de mouvement et de considérer les processus qui en résultent (ainsi, les inventeurs des lignes hélicoïdales et des conchoïdes, résultant de certains mouvements qui cependant ne se manifestent pas dans la nature, ont démontré leurs propriétés de façon remarquable en partant des hypothèses), nous avons préféré, vu que la nature connaît un certain genre d'accélération dans ses mouvements, c'est-à-dire dans la chute de corps pesants, considérer les propriétés de ces mouvements, puisque la définition du mouvement accéléré que nous donnons correspond exactement à la réalité du mouvement accéléré naturel.

Nous sommes parvenus à cette conviction au terme de longues réflexions ; le fait que les résultats des expériences sensibles correspondent exactement aux propriétés que nous aurons à démontrer et coïncident avec elles a en cela été décisif. Enfin, nous avons été amenés à étudier le mouvement naturellement accéléré, par l'observation de l'habitude et des procédés de la nature dans toutes ses autres fonctions ; pour les exercer, elle a coutume de recourir aux moyens les plus atteignables, les plus simples et les plus faciles. En effet, il me semble que personne ne croira que l'on puisse nager ou voler de façon plus simple ou plus facile que ne le font les poissons ou les oiseaux par instinct naturel. Donc, si je remarque qu'une pierre, qui se trouvait auparavant au repos et qui tombe de haut, subit par la suite des accélérations de sa vitesse, pourquoi ne croirais-je pas que ces accélérations se produisent de la façon la plus simple et la plus facile à concevoir ? Si nous y regardons de près, nous ne trouvons pas de multiplication, pas d'accroissement plus simple que celui qui se fait toujours de façon égale. Cela se comprend aisément si l'on tient compte du rapport étroit entre le temps et le mouvement ; car, de même que la régularité et l'uniformité d'un mouvement se définissent et se conçoivent par l'égalité des temps et des distances (nous disons qu'un mouvement est uniforme lorsqu'il faut un temps égal pour parcourir une distance égale), nous pouvons, en divisant le temps en périodes régulières, comprendre que les accélérations se sont produites de façon simple ; ce faisant, notre esprit reconnaît que ce mouvement est régulier et constamment accéléré de la même manière, car, à temps égal, les accélérations qu'il subit sont égales. Donc, si on prend un quelconque nombre de fractions de temps égales à partir du premier instant où le corps quitte la position de repos pour commencer sa chute, la vitesse atteinte pendant la première et la deuxième fraction de temps prises ensemble sera le double de celle que le corps aura atteinte pendant la première fraction de temps. La vitesse atteinte en trois fractions de temps sera le triple, en quatre fractions elle sera le quadruple de celle que le corps avait atteinte au terme de la première fraction de temps. Donc (pour mieux nous faire comprendre) si le corps poursuivait son mouvement à la vitesse atteinte pendant la première fraction de temps et maintenait ensuite constamment cette vitesse, son mouvement serait deux fois plus lent que le mouvement engendré par la vitesse atteinte au terme de deux fractions de temps ; aussi il semble que nous pouvons supposer que l'intensité de la vitesse est fonction du temps, sans en cela contredire la vérité. On peut donc définir le mouvement dont nous voulons traiter de la façon suivante : nous disons qu'un mouvement est régulièrement ou uniformément accéléré lorsque, partant de la position de repos, il subit à temps égal une accélération égale.

[...] DU MOUVEMENT DE PROJECTION.

Quatrième jour.

Nous venons d'exposer les propriétés du mouvement uniforme et du mouvement naturellement accéléré le long de plans inclinés d'une manière quelconque. Je m'efforcerai maintenant de présenter quelques phénomènes importants et dignes d'être connus et de les appuyer par des démonstrations certaines — phénomènes qui se manifestent dans un corps lorsqu'il se trouve soumis à un mouvement de caractère double, à la fois uniforme et naturellement accéléré. Il semble que le mouvement dit de projection réponde à cette définition. Voici comment j'imagine son développement :

Prenons un corps lancé sur une surface horizontale plane, libre de tout obstacle ; les discussions détaillées reproduites ailleurs ont établi que ce mouvement se poursuivrait uniformément et perpétuellement sur cette surface, si elle était illimitée. Cependant, si nous l'imaginons limitée et située à une certaine hauteur, le corps, que nous avons supposé être pesant, arrivant à la limite de la surface et la dépassant, sera soumis, en plus de la poussée uniforme et irréductible qui existe déjà, à une attraction vers le bas, qui lui est propre en raison de sa pesanteur ; il en résultera un certain mouvement composé d'un mouvement uniforme horizontal et d'un mouvement naturellement accéléré, dirigé vers le bas ; je l'appelle mouvement de projection. Nous allons maintenant démontrer quelques-unes de ses propriétés…

(G. Galilei, *Entretiens et démonstrations mathématiques à propos de deux nouvelles sciences*, Florence, 1890-1909.)

ŒUVRES DE GALILÉE :

Le opere di G. G., Edizione Nazionale, A. Favaro et J. del Lungo éd., 20 vol., Florence, 1890-1909. Tr. all. par E. Strauss : *Werke*, Leipzig, 1892.

ÉTUDES SUR GALILÉE :

A. Carli et A. Favaro, *Bibliografia Galileiana*, Rome, 1896. – K. von Gebler, *G. G. und die Römische Curie*, 2 vol., 1876-1877. – E. Wohlwill, *Galileo und sein Kampf für die copernicanische Lehre*, 2 vol., 1909 et 1926. – L. Olschki, *Galileo G. und seine Zeit*, 1927. – E. J. Dikster-huis, *De Mechanisering van het Wereldbeeld*, Amsterdam, 1950. – P. Aubanel, *Le génie sous la tiare... Urbain VIII et Galilée*, 1929. – F. Sherwood Taylor, *G. and the Freedom of Thought*, Londres, 1938. – A. Koyré, *Études galiléennes*, 3 fasc., 1939. – A. Maier, *Die Vorläufer G's im 14. Jahrhundert*, Rome, 1949. – P. Natorp, « G. als Philosoph », in *Phil. Monatsheft*, 1882. – E. Cassirer, « Wahrheitsbegriff und Wahrheitsproblem bei G. », in *Scientia*, 1937. – A. Koyré, « Galileo und Plato », in *Journal of the History of Ideas*, vol. 4, 1943.

ISAAC NEWTON

(4 janv. 1643 - 31 mars 1727)

Le raisonnement méthodique que nous avons suivi chez Galilée est maintenant du domaine public. L'observation scientifique de la nature conduit chaque jour à des découvertes, à des conquêtes nouvelles. En Angleterre, l'importance de la méthode empirique a été soulignée par Bacon (1561-1626). Rappelons quelques applications pratiques des connaissances nouvelles : en 1628, William Harvey (1578-1658) découvre la circulation du sang ; en 1600, William

Gilbert (1540-1603) traite pour la première fois des phénomènes magnétiques dans *De magnete* ; en 1643, Evangelista Torricelli (1608-1647), élève de Galilée, découvre le baromètre ; en 1662, l'Anglais Robert Boyle (1627-1691) et le Français Edme Mariotte (1620-1684) découvrent la loi de la compressibilité des gaz.

Les causes ultimes du phénomène du mouvement des corps restent inconnues, mais il est possible de déterminer et de calculer les lois qui régissent les forces et les rapports existant entre celles-ci.

Jusque-là, l'esprit humain avait élaboré des hypothèses scientifiques, apparemment sans tenir compte des données naturelles, uniquement en fonction de leur valeur mathématique ou logique, pour en faire ensuite les fondements de l'observation. On reconnaît désormais que ces hypothèses ne peuvent être une création autonome du seul esprit humain, mais doivent être établies en liaison étroite avec l'observation de la nature. Le génie du naturaliste se manifeste dans l'établissement des hypothèses, précisément par sa capacité de percevoir, dans le cadre des phénomènes naturels donnés, des rapports simples qui peuvent se ramener à des concepts mathématiques généraux et servir de fondement pour l'explication des autres phénomènes naturels. Les hypothèses qui président aux observations et aux expériences du naturaliste doivent donc être nées des phénomènes naturels eux-mêmes.

La conception de Newton — qui libère la nature non seulement de son rapport universel avec Dieu, mais aussi de ses liens étroits avec l'homme — contient un élément nouveau et décisif. Parce qu'il refuse les hypothèses, Newton apparaît en premier lieu comme un simple empirique : les connaissances sont déduites des phénomènes et généralisées par induction. Cette position de Newton est peut-être explicitée de la façon la plus claire par R. Cotes, l'éditeur des *Principes mathématiques de la philosophie naturelle*, 2e édition (1713). Il divise tous ceux qui se consacrent à la recherche dans le domaine de la physique en trois catégories. Ceux de la première catégorie attribuent à certaines espèces de choses des propriétés spécifiques et occultes dont dépendraient les opérations des différents corps (ce sont donc les tenants de la philosophie scolastique). Ceux de la deuxième catégorie affirment que la matière universelle est homogène et que la diversité des fonctions propres aux différents corps provient de certains rapports fort simples et faciles à distinguer entre les particules qui les composent. Cependant, comme ils se permettent de concevoir des parties de forme et de grandeur quelconques et inconnues et de leur attribuer une position et un mouvement indéterminés, ils tombent dans « des rêveries » : « ceux qui fondent leurs spéculations sur des hypothèses ne sauraient construire qu'une fable — élégante et belle peut-être — mais fable seulement, même s'ils procèdent ensuite en observant rigoureusement les lois mécaniques. » Cette méthode n'aboutit donc pas à des conclusions incontestables. Enfin, Cotes décrit la méthode de Newton de la façon suivante : « Venons-en à la troisième classe de naturalistes, à ceux qui, dans leur philosophie, ne reconnaissent d'autre règle que l'expérience. Ces derniers, bien convaincus que l'on doit déduire les causes de toute chose à partir de principes aussi simples que possible, admettent cependant en tant que principe quelque chose qui ne s'est pas encore manifesté dans les phénomènes. Ils emploient dans cette recherche deux méthodes : l'analyse et la synthèse. De quelques phénomènes choisis adroitement ils déduisent à l'aide de l'analyse les forces de la nature et ses lois les plus simples. Ils exposent ensuite synthétiquement l'ordre et la disposition des autres phénomènes, comme dépendant immédiatement de ces forces. C'est là sans doute la meilleure manière de procéder, c'est aussi celle qu'a choisie notre illustre auteur et qu'il a crue justement préférable à toute autre... L'explication du système du monde qui se déduit si facilement de sa théorie de la gravité est une heureuse application de cette nouvelle méthode. Quelques philosophes avant M. Newton ont soupçonné que la pesanteur pouvait être une propriété commune à tous les corps ; d'autres l'ont imaginé gratuitement. Notre philosophe est le premier et le seul qui ait pu le démontrer par les phénomènes et lui donner un fondement inébranlable grâce aux spéculations les plus brillantes.» On souligne donc qu'il appartient à la science véritable de déduire la nature des choses à partir de causes ayant une existence réelle et de rechercher les lois qui la régissent. «Cependant nous ne devons pas déduire ces lois de suppositions incertaines, mais les découvrir au moyen de l'observation et des expériences. Se flatter de pouvoir découvrir les principes d'une vraie physique et les lois de la nature par la seule force de son génie, en fermant les yeux sur tout ce qui nous environne, pour ne consulter que la lumière d'une raison intérieure, c'est établir que le monde existe nécessairement et que les lois dont il s'agit sont les suites immédiates de cette nécessité : ou, si l'on est persuadé que cet univers est l'ouvrage d'un Dieu, c'est avoir assez d'orgueil pour imaginer qu'un être aussi petit, aussi faible que l'homme, connaît néanmoins avec évidence ce que Dieu pouvait faire de mieux. *Toute philosophie saine et véritable est uniquement appuyée sur les phénomènes qui nous conduisent, de gré ou de force, à des principes dans lesquels on voit briller l'évidence de l'intelligence et du pouvoir absolu d'un Être souverainement sage et puissant*» (Cotes).

L'observation des phénomènes et la généralisation inductive ont permis à Newton de découvrir l'impénétrabilité, la mobilité, la force de propulsion des corps, les lois des mouvements et de la pesanteur : la gravité existe et agit selon les lois qu'il énonce ; il la prend comme point de départ pour expliquer les mouvements des corps célestes ; il rejette les propriétés occultes des corps. En énonçant les postulats qui permettent de définir les notions de masse, de cause, de force, d'inertie, d'espace, de temps et de mouvement, Newton a été le premier à créer un système des sciences naturelles modernes. Ainsi, nous lisons dans la préface de la première édition (1687) des *Principes mathématiques de la Philosophie naturelle* : «En effet, toute la difficulté de la physique paraît consister à trouver les forces qu'emploie la nature d'après les phénomènes du mouvement que nous connaissons, à démontrer ensuite par ces forces les autres phénomènes. C'est l'objet qu'on a eu en vue dans les propositions générales du livre I et II et on en donne une application dans le livre III en expliquant le système de l'univers. On y détermine, par les propositions mathématiques démontrées dans les deux premiers livres, la force de gravitation en vertu de laquelle les corps tendent à se rapprocher du soleil et des différentes planètes ; après quoi, à l'aide des mêmes propositions mathématiques, on déduit de ces forces les mouvements des planètes, des comètes, de la lune et de la mer. Il serait à désirer que les autres phénomènes que nous présente la nature puissent se dériver aussi heureusement des principes mécaniques, car plusieurs raisons me portent à soupçonner qu'ils dépendent tous de certaines forces dont les causes sont inconnues et par lesquelles les particules des corps sont poussées les unes vers les autres et s'unissent en corps réguliers ou sont repoussées et se fuient mutuellement. C'est l'ignorance où l'on a été jusqu'ici de ces forces, qui a empêché les physiciens de tenter l'explication de la nature avec succès. J'espère que les principes que j'ai posés dans cet ouvrage pourront être de quelque utilité à cette manière de raisonner ou à quelque autre plus véritable, si je n'ai pas touché au but. »

Newton a créé une physique céleste, sans arbitraire et sans miracles, qui se suffit à elle-même et repose sur elle-même, sans tomber pour autant dans la voie du matérialisme. Il reste attaché à la foi en un Dieu personnel ; le mécanisme de la nature n'est qu'un moyen d'accomplir Ses fins. Bien que le « grand océan » de la réalité reste à découvrir, les vérités particulières s'ordonnent progressivement pour former un tout. D'où la fameuse phrase de Newton : « [...] Je me fais seulement l'effet d'un garçon jouant au bord de la mer qui trouve de-ci, de-là un galet plus lisse ou un coquillage plus joli que de coutume, alors que le grand océan de la vérité, entièrement inexploré, s'étend devant mes yeux. »

« PRINCIPES MATHÉMATIQUES DE LA PHILOSOPHIE NATURELLE ». — LIVRE TROIS : RÈGLES POUR L'ÉTUDE DE LA NATURE. — DU SYSTÈME DU MONDE.

Règle I : Il ne faut admettre de causes, que celles qui sont nécessaires pour expliquer les phénomènes.

Les physiciens disent : la nature ne fait rien en vain et ce serait faire des choses inutiles que d'opérer par un plus grand nombre de causes ce qui peut se faire par un nombre plus petit car la Nature est simple et elle ne se grise pas de causes inutiles des choses.

Règle II : Les effets du même genre doivent donc être attribués, autant que possible, aux mêmes causes.

Ainsi, la respiration de l'homme et celle des bêtes, la chute d'une pierre en Europe et en Amérique, la lumière du feu de foyer et celle du soleil, la réflexion de la lumière sur la terre et dans les planètes, doivent être attribuées respectivement aux mêmes causes.

Règle III : Les propriétés des corps qui ne sont susceptibles ni d'augmentation ni de diminution et qui sont communes à tous les corps sur lesquels on peut faire des expériences doivent être regardées comme des propriétés appartenant à tous les corps en général.

On ne peut connaître les propriétés des corps que par l'expérience, aussi doit-on regarder comme des propriétés générales celles qui se trouvent dans tous les corps soumis à l'expérience et qui ne peuvent être ni diminuées ni ôtées. *De toute évidence, on ne peut ni opposer des rêveries aux expériences ni s'éloigner des analogies de la nature qui est toujours simple et semblable à elle-même.* L'étendue des corps ne se reconnaît que par les sens et elle n'est pas perçue pour tous les corps : mais comme l'étendue apparaît dans tous ceux qui tombent sous nos sens, nous affirmons qu'elle est une propriété commune à tous les corps en général. Les expériences nous montrent que plusieurs corps sont durs. Or, la dureté du tout vient de la dureté des parties, ainsi nous en concluons à juste titre que non seulement les parties perceptibles de ces corps mais aussi les particules indivisibles de tous les corps doivent être dures. Nous concluons de la même manière que tous les corps sont impénétrables. Tous ceux que nous touchons étant impénétrables, nous regardons l'impénétrabilité comme une propriété qui appartient à tous les corps. Tous les corps que nous connaissons étant mobiles et doués d'une certaine force (que nous appelons force d'inertie) par laquelle ils persévèrent dans le mouvement ou dans le repos, nous en concluons que tous les corps en général ont ces propriétés. L'étendue, la dureté, l'impénétrabilité, la mobilité et la force d'inertie du tout viennent donc de l'étendue, de la dureté, de l'impénétrabilité, de la mobilité et de l'inertie des parties : d'où nous concluons que les plus petites parties de tous les corps sont pourvues de ces mêmes propriétés. Et c'est là le fondement de toute la physique. De plus, les phénomènes nous apprennent que les parties contiguës des corps peuvent se séparer et les mathématiques font voir que les parties peuvent être divisées en particules plus petites encore au moyen du calcul. On ignore encore si ces parties distinctes, et non divisées, pourraient être séparées par les forces de la nature ; mais s'il était certain, par une seule expérience, qu'une des parties qu'on regarde comme indivisible eût souffert quelque division en brisant un corps dur et solide quelconque, nous en conclurions d'après cette règle que non seulement les parties divisées sont séparables, mais que celles qui sont indivisées peuvent aussi se diviser à l'infini.

Enfin, puisque tous les corps qui sont proches de la surface de la terre pèsent par rapport à la terre et cela en fonction de la quantité de leur matière, que la lune pèse par rapport à la terre à raison de sa quantité de matière et que notre mer pèse à son tour par rapport à la lune puisque les expériences et les observations astronomiques ont montré que toutes les planètes pèsent mutuellement les unes par rapport aux autres et que les comètes pèsent par rapport au soleil, on peut conclure, suivant cette règle, que tous les corps gravitent mutuellement les uns vers les autres. Et cette preuve de la gravité universelle des corps, tirée des phénomènes, sera plus forte que celle de leur impénétrabilité : car nous n'avons aucune expérience ni observation qui nous assure que les corps célestes sont impénétrables. Cependant, je n'affirme point que la gravité soit essentielle aux corps. Et je n'entends, par la force qui réside dans les corps, que la seule force d'inertie, laquelle est immuable, alors que la gravité diminue lorsqu'on s'éloigne de la terre.

Règle IV : Dans la physique expérimentale, les propositions tirées des phénomènes par induction doivent être regardées, malgré les hypothèses contraires, comme exactement ou à peu près vraies, jusqu'à ce que quelques autres phénomènes les confirment ou fassent voir qu'elles sont sujettes à des exceptions.

Car une hypothèse ne peut affaiblir les raisonnements fondés sur l'induction tirée de l'expérience.

LIVRE III DES « PRINCIPES MATHÉMATIQUES ». — SECTION V : DES COMÈTES.

Voilà ce que j'avais à dire de Dieu dont il appartient à la science naturelle d'examiner les ouvrages.

J'ai expliqué jusqu'ici les phénomènes célestes et ceux de la mer par la force de la gravitation, mais je n'ai indiqué nulle part la cause de cette dernière. Cette force vient de quelque cause qui pénètre jusqu'au centre du soleil et des planètes, sans rien perdre de son activité : elle n'agit point selon la grandeur des superficies des particules sur lesquelles elle influe (comme les causes mécaniques) mais selon la masse de matière solide et son action s'étend en toutes directions à des distances immenses, en décroissant toujours en raison doublée des distances. La gravité par rapport au soleil est composée des gravités par rapport à chacune de ses particules et elle décroît exactement, en s'éloignant du soleil, en raison doublée des distances et cela jusqu'à l'orbite de Saturne, comme le repos des aphélies des planètes le prouve, et elle s'étend par ailleurs jusqu'aux dernières aphélies des comètes, si ces aphélies sont en repos.

Je n'ai pu encore parvenir à déduire des phénomènes la raison de ces propriétés de la gravité et je n'imagine point d'hypothèses. Car tout ce qui ne se déduit point des phénomènes est une hypothèse : et les hypothèses, qu'elles soient métaphysiques ou physiques, mécaniques ou portant sur des qualités occultes, ne doivent pas être reçues dans la physique expérimentale. Dans celle-ci, on tire les propositions des phénomènes et on les rend ensuite générales par induction. C'est ainsi que l'impénétrabilité, la mobilité, la force des corps, les lois du mouvement et celles de la gravité ont été connues. Et il suffit que la gravité existe, qu'elle agisse selon les lois que nous avons exposées, et qu'elle puisse expliquer tous les mouvements des corps célestes et de la mer.

Ce serait ici le lieu d'ajouter quelque chose sur cette espèce d'esprit très subtil qui pénètre tous les corps solides et qui est caché dans leur substance ; c'est par la force et l'action de cet esprit que les particules des corps s'attirent mutuellement aux plus petites distances et qu'elles cohèrent lorsqu'elles sont contiguës ; c'est par lui que les corps électriques agissent aux plus grandes distances, tant pour attirer que pour repousser les corpuscules voisins : et c'est encore par le moyen de cet esprit que la lumière émane, se réfléchit, s'infléchit, se réfracte, échauffe les corps ; toutes les sensations sont excitées et les membres des animaux sont mus, quand leur volonté l'ordonne, par les vibrations de cette substance spirituelle qui se propagent des organes extérieurs des sens, par les filets solides des nerfs, jusqu'au cerveau, et de là dans les muscles.

Mais ces choses ne peuvent pas s'expliquer en peu de mots et on n'a pas encore fait un nombre suffisant d'expériences pour pouvoir déterminer et prouver exactement les lois selon lesquelles agit cet esprit universel.

(Isaac NEWTON, *Principes mathématiques de la philosophie naturelle*, p. 178-180.)

ŒUVRES DE NEWTON :

Philosophiae naturalis principia mathematica (1687) ; tr. all., 1872 et 1932. – *Opticks* (1704), tr. all. Ostwalds Klassiker nº 96/97. – *Arithmetica universalis* (1707). – *Analysis* (1711). – *Opuscula mathematica, philosophica et philologica*, J. Castillioneus éd., 3 vol., Lausanne, 1744. – *Gesamtausgabe*, Samuel Horsley éd., 1779-1785, 5 vol.

ÉTUDES SUR NEWTON :

G. J. Gray, *Bibliography of the Works of N.*, 2e éd., 1907. – F. Rosenberger, *Isaac Newton und seine physikalischen Prinzipien*, 1895. – F. Dessauer, *Weltfahrt der Erkenntnis. Leben und Werk I. N.s.*, 1945. – H. G. Steinmann, *Über den Einfluss N's auf die Erkenntnistheorie seiner Zeit*, 1913. – K. Popp, *Jakob Boehme und I. N.*, 1935.

II. NAISSANCE DE LA CONCEPTION MÉCANIQUE ET MATÉRIALISTE

1. *Application de la méthode de la mécanique newtonienne à d'autres domaines (optique)*

CHRISTIAN HUYGENS

(14 avril 1629 - 8 juin 1695)

La méthode de la mécanique newtonienne fut appliquée à des domaines de la nature toujours plus étendus. On essaya d'isoler les phénomènes naturels et de déterminer les « lois » qui les régissaient. Dans sa préface au *Traité de la Lumière*, Huygens écrit :

« Dans ce traité, on trouvera de ces formes de démonstration qui se produisent par une certitude aussi grande que celles de la géométrie, et qui même en diffèrent beaucoup ; puisque, au lieu que les géomètres prouvent leurs propositions par des principes certains et incontestables, ici les principes se vérifient par les conclusions qu'on en tire, la nature des choses traitées ne souffrant pas que cela se fasse autrement. Il est possible toutefois d'y arriver à un degré de vraisemblance qui bien souvent ne le cède en rien à une preuve rigoureuse. Il en est ainsi *lorsque les choses qu'on a démontrées par ces principes supposés se rapportent parfaitement aux phénomènes que l'expérience a fait remarquer*, surtout quand il y en a un grand nombre, et encore principalement quand on imagine et prévoit des phénomènes nouveaux qui doivent suivre les hypothèses établies et qu'on trouve qu'en cela l'effet répond à notre attente. Si toutes ces preuves de la vraisemblance se rencontrent dans ce que je me suis proposé de traiter, comme il me semble qu'elles font, ce doit être une bien grande confirmation du succès de ma recherche et se peut malaisément que les choses ne soient pas à peu près telles que je les représente. »

Christian Huygens présente la lumière comme étant le mouvement d'une certaine matière et ramène ses effets à des causes mécaniques.

Rappelons que Huygens emploie le terme de « philosophie » dans son sens premier, celui d'amour de la science. Le chapitre suivant, extrait du *Traité de la Lumière*, montre que la mécanique newtonienne est appliquée à un nombre croissant de phénomènes naturels.

DES RAYONS DIRECTEMENT PROPAGÉS

Les démonstrations qui concernent l'Optique, ainsi qu'il arrive dans toutes les sciences où la géométrie est appliquée à la matière, sont fondées sur des vérités tirées de l'expérience, comme, par exemple, que les rayons de lumière se propagent en droite ligne, que les angles de réflexion et d'incidence sont égaux, et que, dans les réfractions, le rayon est rompu suivant la règle des sinus, désormais si connue, et qui n'est pas moins certaine que les précédentes.

La plupart de ceux qui ont écrit sur les différentes parties de l'Optique se sont contentés de présupposer ces vérités. Quelques-uns, plus curieux, en ont voulu rechercher l'origine et les causes, les considérant elles-mêmes comme des effets admirables de la nature. En quoi, ils ont avancé des choses ingénieuses, mais non pas telles pourtant que les plus intelligents ne souhaitent des explications qui les satisfassent davantage. Je veux donc proposer ici ce que j'ai médité sur ce sujet, pour contribuer autant que je puis à l'éclaircissement de cette partie de la science naturelle, qui, non sans raison, en est réputée une des plus difficiles. Je reconnais être beaucoup redevable à ceux qui ont commencé les premiers à dissiper l'obscurité étrange où ces choses étaient enveloppées et à donner l'espoir qu'elles pouvaient s'expliquer par des raisons intelligibles. Mais je m'étonne aussi, d'un autre côté, que ceux-là mêmes, bien souvent, aient voulu faire passer des raisonnements peu évidents pour être très certains et démonstratifs, car je ne trouve pas que personne ait encore expliqué de façon acceptable les premiers et plus notables phénomènes de la lumière, à savoir pourquoi elle ne se propage que suivant des lignes droites et comment les rayons lumineux, venant d'une infinité de directions différentes, se croisent sans s'empêcher en rien les uns les autres.

J'essaierai donc, dans ce livre, par des principes acceptés dans la philosophie d'aujourd'hui, de donner des raisons plus claires et plus vraisemblables, premièrement des propriétés de la lumière directement propagée, secondement de la lumière qui se réfléchit par la rencontre d'autres corps. Puis j'expliquerai les phénomènes de rayons qui sont dits subir réfraction en traversant des corps diaphanes de différente espèce ; je traiterai aussi des effets de la réfraction dans l'air par suite des différences de densité de l'atmosphère.

Ensuite, j'examinerai les causes de l'étrange réfraction de certain cristal qu'on apporte d'Islande. Et en dernier lieu, je traiterai des différentes formes des corps transparents et réfléchissants par lesquelles les rayons sont assemblés en un point ou détournés en différentes manières. Où l'on verra avec quelle facilité notre théorie nouvelle permet de trouver non seulement les ellipses, hyperboles et autres lignes courbes que M. Descartes a subtilement inventées pour cet effet, mais encore celles qui doivent former la surface d'un verre, lorsque l'autre surface est donnée, sphérique, plane ou de quelque forme que ce puisse être.

L'on ne saurait douter que la lumière ne consiste dans le mouvement d'une certaine matière. Car si l'on regarde sa production, on trouve qu'ici, sur la terre, c'est principalement le feu et la flamme qui l'engendrent, lesquels contiennent sans doute des corps en mouvement rapide, puisqu'ils dissolvent et fondent de nombreux autres corps des plus solides : si l'on regarde ses effets, on voit que, quand la lumière est ramassée, comme par des miroirs concaves, elle a la vertu de brûler comme le feu, c'est-à-dire qu'elle désunit les parties des corps, ce qui marque assurément du mouvement, au moins dans la vraie philosophie, dans laquelle on conçoit la cause de tous les effets naturels par des raisons de mécanique. C'est ce qu'il faut faire à mon avis, à moins de renoncer à tout espoir de jamais rien comprendre à la physique.

Et comme, suivant cette philosophie, l'on tient pour certain que la sensation de la vue n'est excitée que par l'impression de quelque mouvement d'une matière qui agit sur les nerfs situés au fond de nos yeux, c'est encore une raison de croire que la lumière consiste dans un mouvement de la matière qui se trouve entre nous et le corps lumineux.

De plus, quand on considère l'extrême vitesse à laquelle la lumière se propage dans toutes les directions et que, quand il en vient de différents endroits, même tout opposés, les rayons traversent l'un l'autre sans s'empêcher, on comprend bien que, quand nous voyons un objet lumineux, ce ne saurait être par le transport d'une matière qui vient jusqu'à nous à partir de cet objet, comme une balle ou une flèche traverse l'air : car, assurément, cela est par trop contraire à ces deux qualités de la lumière et surtout à la dernière. C'est donc d'une autre manière qu'elle se propage et la connaissance que nous avons de l'extension du son dans l'air peut nous amener à comprendre celle-ci.

Nous savons que par le moyen de l'air, qui est un corps invisible et impalpable, le son se répand tout autour du lieu où il a été produit, par un mouvement qui passe successivement d'une partie de l'air à l'autre et que l'extension de ce mouvement se faisant également vite de tous côtés, il doit se former comme des surfaces sphériques qui s'élargissent de plus en plus et qui viennent frapper enfin notre oreille. Or il n'y a point de doute que la lumière parvient aussi depuis le corps lumineux jusqu'à nous par quelque mouvement imprimé à la matière qui se trouve entre les deux : puisque nous avons déjà vu que ce ne peut pas être par le transport d'un corps qui passerait de l'un à l'autre. Que si avec cela la lumière emploie du temps à ce trajet, ce que nous allons examiner maintenant, il s'ensuivra que ce mouvement imprimé à la matière est successif et que, par conséquent, il s'étend ainsi que celui du son, par des surfaces et des ondes sphériques : car je les appelle ondes à cause de la ressemblance avec celles que l'on voit se former sur l'eau quand on y jette une pierre et qui représentent une extension successive en rond de la même espèce, quoique provenant d'une autre cause et se formant seulement dans une surface plane.

(Christian Huygens, *Traité de la Lumière*, Pierre Vander, Leyde, 1690.)

ŒUVRES DE HUYGENS :

Œuvres complètes, Société hollandaise des Sciences, 22 vol., 1888-1950. – *Traité de la lumière* (1690) ; tr. all. Ostwalds Klassiker n° 20, 1913. – *Horologium oscillatorium* (1673) ; tr. all. Ostwalds Klassiker n° 192, 1913. – *Cosmotheoros* (1698). – *Abhandlungen ü. d. Ursache der Schwere* ; tr. all. par R. Mewes, 1893.

ÉTUDES SUR HUYGENS :

J. Bosscha, *Christian Huygens* ; tr. all. 1895. – Ph. Lenard, *Grosse Naturforscher*, 1929. – A. B. Bele, *Ch. H. and the Development of Science*, 1948. – E.J. Dijksterhuis, *Christian Huygens*, Haarlem, 1951.

2. *Naissance de la conception mécanique et matérialiste*

Le nouvel essor des sciences naturelles au XVIIe siècle entraîne la création des Sociétés savantes (Académie française en 1635, Royal Society de Londres en 1663). De nouveaux courants philosophiques apparaissent en liaison avec les résultats des recherches entreprises dans le domaine des sciences naturelles. Sans nous étendre sur ce sujet, rappelons les noms des trois philosophes : Pierre Gassendi (1592-1655), Robert Boyle (1627-1691) et René Descartes (1596-1650). Leur pensée aura des répercussions métaphysiques au moment de l'apogée de la conception mécanique.

Gassendi, d'abord professeur de rhétorique et de philosophie, enseigna les mathématiques à Paris. L'atomisme d'Épicure lui paraissait offrir une explication mécanique des causes des phénomènes naturels. Même si, mathématiquement, la matière est divisible à l'infini, dans la pratique on se heurte finalement à des atomes indivisibles pourvus de la propriété de dureté et d'impénétrabilité. Tous les phénomènes, leur naissance et leur disparition, proviennent de l'union et de la séparation de ces atomes, doués d'un penchant immanent pour le mouvement. Il importe cependant de rappeler que Gassendi ramène l'ordre atomiste à Dieu.

Grâce à Gassendi, l'Anglais Robert Boyle (1627-1691) devient lui aussi un adepte de l'explication atomiste. Il existe une matière unique, étendue, impénétrable, divisible ; le mouvement provoque la naissance de corpuscules infimes, ayant une grandeur, une forme et une position déterminées, qui s'unissent pour former des corps composés. Pour Boyle aussi, la cause du mouvement se trouve en Dieu. Dans *Chymista scepticus* (1668), il écrit : « Si nous attribuons une grandeur et une forme déterminées aux particules dont se compose chaque élément, il n'est pas difficile de montrer que ces particules de formes différentes peuvent être mélangées dans des conditions si diverses et unies de tant de façons variées qu'on peut en composer un nombre presque incroyable de corps solides de nature différente ; étant donné, en particulier, que les particules d'un élément peuvent par simple liaison entre elles former des petites masses distinctes, par leur grandeur et leur forme, des parties qui les composent. »

Pour René Descartes (1596-1650), les mathématiques sont la voie qui mène à l'exploration de la vérité. Partant d'un dualisme psychophysique, c'est-à-dire de la distinction entre une substance pensante et une substance uniquement étendue, Descartes a été le premier à tenter de définir une mécanique du ciel aussi bien que de l'âme, de la nature inorganique autant qu'organique : la physiologie et l'astronomie sont pour lui des *sciences purement mécaniques*. La nature ne peut s'expliquer que par elle-même et ses lois sont identiques à celles de la mécanique. L'influence croissante des sciences naturelles se fait déjà sentir dans son œuvre ; les résultats des recherches effectuées dans ce domaine lui servent à confirmer les principes de sa conception philosophique. La tendance à utiliser les découvertes scientifiques pour en tirer des conclusions philosophiques devient donc de plus en plus prononcée : on assiste à la disparition de l'attitude modeste qui limitait la portée des lois de la nature au cadre des problèmes posés dans chaque cas particulier et à des domaines strictement définis.

La pensée mécanique donne donc l'impulsion à une conception du monde matérialiste qui s'impose progressivement et s'épanouit au siècle des lumières. Son tenant en

Angleterre est John Locke (1632-1704). En France, le siècle des lumières qui produit la fameuse *Encyclopédie des sciences, des arts et des métiers* (1751) porte l'empreinte de Voltaire et de d'Alembert. L'extrait suivant du « Discours préliminaire de l'Encyclopédie » montre à quel point l'attitude prudente des savants classiques, qui limitaient le champ d'application des énoncés tirés de leurs observations, a été abandonnée. On essaie plutôt de déduire la totalité du savoir des perceptions sensorielles de l'homme. Les sciences naturelles donnent donc naissance à une philosophie particulière, essentiellement non critique. Quelques propos d'autres auteurs matérialistes explicitent cette évolution.

JEAN LE ROND D'ALEMBERT

(16 janv. 1717 - 29 oct. 1783)

La matière et le mouvement sont les hypothèses de la statique et de la mécanique. On est fier de pouvoir indiquer que les lois reconnues de l'équilibre et du mouvement des corps qui nous entourent sont effectivement observées et donc nécessairement valables. Désormais, on renonce à toute explication métaphysique : c'est ce qu'exprime d'Alembert dans sa préface au *Traité de Dynamique* (Paris, 1743) :

« De toutes ces réflexions, il s'ensuit que les lois de la statique et de la mécanique exposées dans ce livre sont celles qui résultent de l'existence de la matière et du mouvement. Or, l'expérience nous prouve que ces lois s'observent effectivement dans les corps qui nous environnent. Donc, les lois de l'équilibre et du mouvement, telles que l'observation nous les fait connaître, sont de vérité nécessaire. Un métaphysicien se contenterait peut-être de le prouver en disant qu'il était de la sagesse du Créateur et de la simplicité de ses vues, de ne point établir d'autres lois de l'équilibre et du mouvement que celles qui résultent de l'existence même des corps et de leur impénétrabilité mutuelle. *Mais nous avons cru devoir nous abstenir de cette manière de raisonner* parce qu'il nous a paru qu'elle porterait sur un principe trop vague ; la nature de l'Être suprême *nous est trop cachée* pour que nous puissions connaître directement ce qui est ou n'est pas conforme aux vues de sa sagesse ; nous pouvons seulement entrevoir les effets de cette sagesse dans *l'observation* des lois de la nature, lorsque le raisonnement mathématique nous aura fait voir la simplicité de ces lois et que l'expérience nous en aura montré les applications et l'étendue. »

La conception matérialiste, fondée sur les lois de la mécanique, est arrivée à maturité : la nature prend la forme d'un système de mouvements, d'énergies, de grandeurs mesurables.

« DISCOURS PRÉLIMINAIRE DE L'ENCYCLOPÉDIE DE 1751 »

Toutes nos connaissances directes se réduisent à celles que nous recevons par les sens ; d'où il s'ensuit que c'est à nos sensations que nous devons toutes nos idées.

Dans cette étude que nous faisons de la nature, en partie par nécessité, en partie par amusement, nous remarquerons que les corps ont un grand nombre de propriétés, mais tellement unies pour la plupart dans un même sujet qu'afin de les étudier chacune plus à fond, nous sommes obligés de les considérer séparément. Par cette opération de notre esprit, nous découvrons bientôt des propriétés qui paraissent appartenir à tous les corps, comme la faculté de se mouvoir ou de rester en repos, et celle de se communiquer du mouvement, source des principaux changements que nous observons dans la nature. L'examen de ces propriétés et surtout de la dernière, aidé par nos propres sens, nous fait bientôt découvrir une autre propriété, dont dépendent les précédentes : c'est l'impénétrabilité ou cette espèce de force par laquelle chaque corps en exclut tout autre du lieu qu'il occupe, de manière que deux corps rapprochés le plus possible ne peuvent jamais occuper un espace moindre que celui qu'ils remplissaient étant séparés.

L'impénétrabilité est la propriété principale par laquelle nous distinguons les corps des parties de l'espace indéfini où nous imaginons qu'ils sont placés ; du moins c'est ainsi que nos sens nous font juger, et, s'ils nous trompent sur ce point, c'est une erreur si métaphysique, que notre existence et notre conservation n'en ont rien à craindre et que nous y revenons continuellement, comme malgré nous, par notre manière ordinaire de concevoir.

Tout nous porte à regarder l'espace comme le lieu des corps, sinon réel, au moins supposé ; c'est en effet par le secours des parties de cet espace considérées comme pénétrables et immobiles que nous parvenons à nous former l'idée la plus nette que nous puissions avoir du mouvement. Nous sommes donc comme naturellement contraints à distinguer au moins par l'esprit deux sortes d'étendue dont l'une est impénétrable et l'autre constitue le lieu des corps. Ainsi, quoique l'impénétrabilité entre nécessairement dans l'idée que nous nous formons des portions de la matière, cependant, comme c'est une propriété relative, c'est-à-dire dont nous n'avons l'idée qu'en examinant deux corps ensemble, nous nous accoutumons bientôt à la regarder comme distincte de l'étendue, et à considérer celle-ci séparément de l'autre, bien que l'impénétrabilité soit une hypothèse nécessaire à l'idée que nous nous faisons de la matière.

Par cette nouvelle considération nous ne voyons plus les corps que comme des parties figurées et étendues de l'espace, point de vue le plus général et le plus abstrait sous lequel nous puissions les envisager. Car l'étendue où nous ne distinguerions point de parties figurées ne serait qu'un tableau lointain et obscur où tout nous échapperait, parce qu'il nous serait impossible d'y rien discerner. La couleur et la forme, propriétés toujours attachées aux corps, quoique variables pour chacun d'eux, nous servent en quelque sorte à les détacher du fond de l'espace, l'une de ces deux propriétés est même suffisante à cet égard : aussi, pour considérer les corps de la manière la plus intellectuelle, nous préférons la forme à la couleur, soit parce que la forme nous est plus familière, étant à la fois connue par la vue et par le toucher ; soit parce qu'il est plus facile de considérer dans un corps la forme sans la couleur que la couleur sans la forme ; soit enfin parce que la forme sert à fixer plus aisément, et d'une manière moins vague, les parties de l'espace.

Nous voilà donc conduits à déterminer les propriétés de l'étendue, simplement du point de vue de la forme. C'est l'objet de la géométrie qui, pour y parvenir plus facilement, considère d'abord l'étendue limitée par une seule dimension, ensuite par deux, et enfin sous les trois dimensions qui constituent l'essence du corps intelligible, c'est-à-dire d'une portion de l'espace terminée en tout sens par des bornes intellectuelles.

Ainsi, par des opérations et des abstractions successives de notre esprit, nous dépouillons la matière de presque toutes ses propriétés sensibles pour n'envisager en quelque manière que son fantôme ; et on sentira dès l'abord que les découvertes auxquelles cette recherche nous conduit ne pourront manquer d'être fort utiles toutes les fois qu'il ne sera point nécessaire d'avoir égard à l'impénétrabilité des corps ; par exemple, lorsqu'il sera question d'étudier leur mouvement en les considérant comme des parties de l'espace figurées, mobiles et distantes les unes des autres

L'examen que nous faisons de l'étendue figurée nous présentant un grand nombre de combinaisons à faire, il est nécessaire d'inventer quelque moyen qui nous rende ces combinaisons plus faciles, et comme elles consistent principalement dans le calcul et le rapport des différentes parties dont nous imaginons que les corps géométriques sont formés, cette recherche nous conduit bientôt à *l'Arithmétique* ou *science des nombres*. Elle n'est autre chose que l'art de trouver d'une manière abrégée l'expression d'un rapport unique qui résulte de la comparaison de plusieurs autres. Les différentes manières de comparer ces rapports donnent les différentes règles de l'arithmétique.

De plus, il est bien difficile qu'en réfléchissant sur ces règles, nous n'apercevions pas certains principes ou propriétés générales des rapports par le moyen desquels nous pouvons, en exprimant ces rapports d'une manière universelle, découvrir les différentes combinaisons qu'on en peut faire. Les résultats de ces combinaisons, réduits à une forme générale, ne seront en effet que des calculs arithmétiques indiqués et représentés par l'expression la plus simple et la plus courte que puisse souffrir leur caractère de généralité.

La science ou l'art de désigner ainsi les rapports est ce qu'on nomme *Algèbre*. Ainsi, quoiqu'il n'y ait proprement de calcul possible que par les nombres, ni de grandeur mesurable que l'étendue (car sans l'espace nous ne pourrions mesurer exactement le temps), nous parvenons, en généralisant toujours nos idées, à cette partie principale des mathématiques et de toutes les sciences naturelles, *qu'on appelle science des grandeurs en général*. Elle est le fondement de toutes les découvertes qu'on peut faire sur la quantité, c'est-à-dire sur tout ce qui est susceptible d'augmentation ou de diminution.

C'est pourquoi, ayant en quelque sorte épuisé par les spéculations géométriques les propriétés de l'étendue figurée, nous commençons par lui rendre l'impénétrabilité qui constitue le corps physique et qui était la dernière qualité sensible dont nous l'avions dépouillée. Cette nouvelle considération entraîne celle de l'action des corps les uns sur les autres, car les corps n'agissent qu'en tant qu'ils sont impénétrables ; et c'est de là que se déduisent les lois de l'équilibre et du mouvement, objets de la *Mécanique*. Nous étendons même nos recherches jusqu'au mouvement des corps animés par des forces ou causes motrices inconnues pourvu que la loi suivant laquelle ces causes agissent soit connue ou supposée l'être.

L'usage des connaissances mathématiques n'est pas moins grand dans l'examen des corps terrestres qui nous environnent. Toutes les propriétés que nous observons dans ces corps ont entre elles des rapports plus ou moins sensibles pour nous : la connaissance ou la découverte de ces rapports est presque toujours le seul objet auquel il nous soit permis d'atteindre, et le seul par conséquent que nous devions nous proposer. Ce n'est donc point par des hypothèses vagues et arbitraires que nous pouvons espérer connaître la nature, c'est par l'étude réfléchie des phénomènes, par la comparaison que nous ferons des uns avec les autres, par l'art de réduire, autant qu'il sera possible, un grand nombre de phénomènes à un seul, qui puisse en être regardé comme le principe. En effet, plus on diminue le nombre des principes d'une science, plus on leur donne d'étendue ; l'objet d'une science étant nécessairement déterminé, les principes appliqués à cet objet seront d'autant plus féconds qu'ils seront en plus petit nombre.

Il n'y a, pour parler exactement, que les disciplines qui traitent du calcul, des grandeurs et des propriétés générales de l'étendue, c'est-à-dire l'algèbre, la géométrie et la mécanique, qu'on puisse regarder comme marquées au sceau de l'évidence.

(D'ALEMBERT, *Discours préliminaire de l'Encyclopédie de 1751.*)

ŒUVRES DE D'ALEMBERT :

Traité de dynamique (1743). – *Traité de l'équilibre et du mouvement des fluides* (1744). – Réflexions sur la cause générale des vents (1744). – *Discours préliminaires à l'Encyclopédie* de 1751 ; tr. all. par E. Hirschberg, 1912, et par E. Köhler, Hambourg, 1955. – *Mélanges de littérature, d'histoire et de philosophie* (1752). – *Éléments de musique théorique et pratique* (1752). – *Recherches sur différents points importants du système du monde* (1754). – *Essai sur les éléments de philosophie* (1759).

ÉTUDES SUR D'ALEMBERT :

D. Diderot, *Le Rêve de d'Alembert*, 1769 ; 1re éd. 1830. – J. Bertrand, *D'Alembert*, 1889. – E. Cassirer, *Die Philosophie der Aufklärung*, 1932. – M. Muller, *Essai sur la philosophie de J. d'Alembert*, 1926.

JULIEN OFFROY DE LA METTRIE

(25 déc. 1709 - 11 nov. 1751)

La nature du mouvement nous est aussi inconnue que celle de la matière. Le moyen de découvrir comment il s'y produit nous fait aussi bien défaut, à moins de ressusciter avec l'auteur de l'*Histoire de l'Âme* l'ancienne et inintelligible doctrine des « formes substantielles ». Je suis donc tout aussi consolé d'ignorer comment la matière, d'inerte et simple, devient active et composée d'organes, que de ne pouvoir regarder le soleil sans verre rouge. Et je suis d'aussi bonne composition sur les autres merveilles incompréhensibles de la nature, sur la production du sentiment et de la pensée dans un être qui ne paraissait autrefois à nos yeux bornés qu'un peu de boue.

Qu'on m'accorde seulement que la matière organisée est douée d'un principe moteur, qui seul la différencie de celle qui ne l'est pas (eh ! peut-on rien refuser à l'observation la plus incontestable ?) et que tout dépend dans les animaux de la diversité de cette organisation, comme je l'ai assez prouvé ; c'en est assez pour deviner l'Énigme des substances et celle de l'homme. On voit qu'il n'y a qu'une substance dans l'univers et que l'homme en est la manifestation la plus parfaite. Il est au singe, aux animaux les plus spirituels, ce que le Pendule Planétaire de Huygens est à une montre de Julien le Roi. S'il a fallu plus d'instruments, plus de rouages, plus de ressorts pour marquer les mouvements des planètes, que pour marquer les heures ou les répéter, s'il a fallu plus d'art à Vaucanson pour faire son « Flûteur » que pour faire son « Canard », il eût dû en employer encore davantage pour faire un « Parleur », machine qui ne peut plus être regardée comme impossible, surtout entre les mains d'un nouveau Prométhée. Il était donc de même nécessaire que la nature emploie plus d'art et d'appareil pour faire et entretenir une machine qui, pendant un siècle entier, pût marquer tous les battements du cœur et de l'esprit ; car si on n'en lit pas les heures au pouls, c'est du moins le baromètre de la chaleur et de la vivacité, par laquelle on peut juger de la nature de l'âme. Je ne me trompe point, le corps humain est une horloge, mais immense et construite avec tant d'art et d'habileté que, si la roue qui sert à marquer les secondes vient à s'arrêter, celle des minutes tourne et va toujours son train ; comme la roue des quarts continue de se mouvoir et ainsi les autres, quand les premières, rouillées, ou dérangées par quelque cause que ce soit, ont interrompu leur marche. Car n'est-ce pas ainsi que l'obstruction de quelques vaisseaux ne suffit pas pour détruire ou suspendre le fort des mouvements qui est dans le cœur, comme dans la pièce ouvrière de la machine, puisqu'au contraire les fluides dont le volume est diminué, ayant moins de chemin à faire, le parcourent d'autant plus vite, emportés comme par un nouveau courant, et que la force du cœur s'augmente, en raison de la résistance qu'il trouve à l'extrémité des vaisseaux ? Lorsque le nerf optique seul comprimé ne laisse plus passer l'image des objets, n'est-il pas vrai que la privation de la vue n'empêche pas plus l'usage de l'ouïe, que la privation de ce dernier sens, lorsque les fonctions de la « Portion Molle » sont atteintes, ne suppose celle de la vue ? N'est-il pas vrai encore que l'un entend, sans pouvoir dire qu'il entend (si ce n'est après l'attaque du mal) et que l'autre qui n'entend rien, mais dont les nerfs linguaux sont libres dans le cerveau, dit machinalement tous les rêves qui lui passent par la tête ? Phénomènes qui ne surprennent point les médecins éclairés. Ils savent à quoi s'en tenir sur la nature de l'homme : et, soit dit en passant, de deux médecins, le meilleur, celui qui mérite le plus confiance, c'est toujours, à mon avis, celui qui est le plus versé dans la physique ou la mécanique du corps humain, et qui, laissant l'âme, et toutes les inquiétudes que cette dernière donne aux sots et aux ignorants, ne s'occupe sérieusement que du pur naturalisme…

(De La Mettrie, *Œuvres philosophiques*, pages 68 à 70, Jean Nourse, Londres. 1751.)

3. *La crise de la conception mécanique-matérialiste*

HEINRICH HERTZ

(22 févr. 1857 - 1er janv. 1894)

Les deux premières parties de cet appendice illustraient les débuts de la pensée scientifique moderne et la naissance de la conception mécanique-matérialiste, à l'aide de citations d'auteurs classiques qui furent aussi les promoteurs de cette évolution. Dans cette troisième partie, nous nous bornerons à donner un extrait important de Louis de Broglie : les causes de la crise de la pensée mécanique-matérialiste y sont résumées de façon exemplaire.

L'introduction aux *Principes de la Mécanique* (1876) de Heinrich Hertz sert de transition. Ce texte montre bien comment la physique commence à se rappeler qu'elle est science naturelle, *dont les énoncés, portant sur des domaines limités de la nature, n'ont qu'une valeur également limitée : et qu'elle n'est pas philosophie pour développer une conception de la nature dans son ensemble et de l'essence des choses.* Hertz explique que les énoncés physiques ne doivent ni ne peuvent révéler la nature essentielle des phénomènes. Il constate que les définitions physiques ne sont que des images dont nous ne pouvons juger la conformité aux choses de la nature que sur un seul point : à savoir si les conséquences *logiquement* déductibles de nos images sont conformes aux conséquences que l'on peut observer de façon empirique dans les phénomènes dont nous concevons ces images. En d'autres termes : les images hypothétiques d'un rapport de causalité à l'aide desquelles nous abordons les phénomènes naturels doivent s'avérer utilisables dans l'expérience empirique. Les trois critères suivants nous permettent de déterminer si les images sont utilisables ou non :

1° Elles doivent être *admissibles*, c'est-à-dire correspondre aux lois de notre raisonnement ;

2° Elles doivent être *exactes*, c'est-à-dire conformes à l'expérience extérieure ;

3° Elles doivent être *utiles*, c'est-à-dire inclure le plus grand nombre possible de rapports essentiels et le moins possible de rapports superflus ou insignifiants par rapport à l'objet.

Nous trouvons déjà là cette idée essentielle de la physique moderne qu'Eddington a formulée avec une concision frappante : « Nous avons vu que, là où la science est allée le plus loin, l'esprit a simplement regagné sur la nature ce qu'il y avait investi. Aux frontières de l'inconnu, nous avons découvert des empreintes étranges. Nous avons inventé des théories exhaustives pour élucider leur origine. Enfin, nous sommes parvenus à reconstituer la créature qui les a laissées. Et voilà que ce sont nos propres empreintes. »

INTRODUCTION AUX « PRINCIPES DE LA MÉCANIQUE ».

Nous donner la possibilité de prévoir des expériences futures afin que nous puissions organiser nos actions présentes d'après cette prévision : telle est la prochaine tâche de notre connaissance consciente de la nature et, dans un certain sens, sa tâche la plus importante. Les expériences antérieures, qu'elles résultent d'observations fortuites ou de tentatives volontaires, serviront en toute circonstance de fondement pour résoudre ce problème de la connaissance. Pour déduire le futur du passé et atteindre à la prescience désirée, cependant, nous procédons toujours de la façon suivante : nous créons des représentations intérieures imaginaires ou des symboles des objets extérieurs et nous les façonnons de manière que les conséquences intellectuellement nécessaires des images soient toujours les images des conséquences naturellement nécessaires des objets représentés. Pour que cette exigence puisse être satisfaite, il doit exister une certaine conformité de notre esprit à la nature. L'expérience nous enseigne que cette exigence peut être satisfaite et donc qu'une telle conformité existe effectivement. Lorsqu'on a réussi à constituer, à partir de l'expérience accumulée jusqu'à présent, des images de la qualité désirée, on peut en peu de temps développer sur elles, comme sur des maquettes, les conséquences qui ne se manifesteront dans le monde extérieur que dans un avenir lointain ou par suite de notre intervention ; ainsi nous avons la possibilité de devancer les faits et d'orienter nos décisions présentes en fonction de la connaissance acquise.

Les images dont nous parlons sont la représentation que nous nous faisons des choses ; elles sont conformes aux objets par un point essentiel, à savoir que l'exigence énoncée est satisfaite, mais leur fin ne nécessite pas d'autre conformité aux choses. En fait, nous ignorons, et n'avons aucun moyen de découvrir, si la représentation que nous nous faisons des choses est conforme à celles-ci en aucun point autre que cet *unique* rapport fondamental. Incontestablement, les images que nous voulons nous faire des choses ne sont pas encore déterminées par l'exigence qui veut que les conséquences des images soient de nouveau les images des conséquences. Il y a plusieurs images possibles pour un même objet et ces images peuvent différer sous plusieurs aspects. Dès le départ, nous devrions désigner toute image comportant une contradiction aux lois de notre raisonnement comme étant inadmissible et nous exigeons donc en premier lieu que toutes nos images soient logiquement admissibles ou admissibles tout court. Nous disons qu'une image admissible est inexacte lorsque ses rapports essentiels sont en contradiction avec les rapports des objets extérieurs, c'est-à-dire quand elle ne satisfait pas à cette première exigence fondamentale. Deuxièmement, il faut que nos images soient exactes. Mais deux images acceptables et exactes du même objet extérieur peuvent encore différer par leur utilité. Étant donné deux images d'un même objet, la plus utile sera celle qui reflète plus de rapports essentiels de l'objet que l'autre, disons la plus distincte. Si les images sont également distinctes, la plus utile des deux sera celle qui comportera, outre les traits essentiels, le plus petit nombre de rapports superflus ou insignifiants, donc la plus simple. On ne pourra éviter tout rapport insignifiant, car il en incombe déjà aux images du fait qu'elles sont seulement images, créées par notre esprit particulier et donc déterminées aussi par sa manière de représenter les choses.

Nous venons d'énumérer ce que nous exigeons des

images elles-mêmes, les exigences que nous avons pour l'exposé scientifique de telles images sont tout autre chose. Nous lui demandons de nous montrer distinctement quelles sont les propriétés incluses dans l'image à des fins d'admissibilité ou d'exactitude ou d'utilité. La possibilité de modifier, d'améliorer nos images, dépend de cela. Les éléments inclus dans les images à des fins d'utilité sont contenus dans les désignations, définitions, abréviations, en un mot dans ce que nous pouvons y ajouter ou en retrancher de façon arbitraire. Les caractères inclus dans les images à des fins d'exactitude sont contenus dans les faits expérimentaux qui ont servi à leur élaboration. Ce qui appartient aux images à des fins d'admissibilité est donné par les propriétés de notre esprit. Nous pouvons trancher la question de l'admissibilité d'une image par un oui ou un non incontestables et notre décision restera définitivement valable. On peut également se prononcer de façon incontestable sur l'exactitude d'une image, mais cette décision ne vaut que pour l'état actuel de nos connaissances, étant admis qu'elle peut être révisée à la lumière d'expériences ultérieures. L'utilité d'une image ne peut être décidée de façon certaine ; des opinions divergentes peuvent exister en cette matière. Chacune des images peut offrir des avantages sous un certain aspect et seul un examen progressif de nombreuses images permet d'obtenir en fin de compte celles qui sont les plus utiles.

Tels sont, me semble-t-il, les points de vue d'après lesquels il faut juger la valeur des théories physiques et de leur exposé. En tout cas, ce sont les points de vue que nous appliquerons maintenant aux différents exposés des principes de la mécanique. Il faut évidemment préciser en premier lieu ce que nous entendons par ce terme.

Au sens strict, on entendait à l'origine par principe de la mécanique tout énoncé que l'on ne ramenait pas à d'autres propositions de la mécanique elle-même, mais que l'on voulait considérer comme découlant directement d'autres sources de connaissance. Étant donné l'évolution historique, des propositions désignées à juste titre comme étant des principes, à une certaine époque et dans des conditions données, ne pouvaient manquer de conserver ce nom par la suite, bien que ce fût à tort. Depuis Lagrange, on a souvent répété que les principes du centre de gravité et des surfaces n'étaient au fond que des propositions didactiques de contenu général. On peut cependant faire la remarque, tout aussi juste, que le reste des prétendus principes ne peuvent porter ce nom indépendamment les uns des autres, et que chacun d'entre eux retombe au rang d'une déduction ou d'une proposition didactique, dès que l'exposé de la mécanique est fondé sur un ou plusieurs des autres principes. La notion de principe mécanique n'est donc pas nettement déterminée. Aussi maintiendrons-nous la dénomination coutumière de ces propositions dans le cas d'énoncés particuliers ; mais lorsque nous parlerons des principes de la mécanique en général, ce terme ne désignera pas ces propositions concrètes mais n'importe quelle sélection de telles propositions ou de propositions analogues, à la condition qu'on puisse en déduire toute la mécanique sans avoir d'autre recours à l'expérience.

Désignées de cette manière, les notions fondamentales de la mécanique et les principes qui les lient représentent l'image simple que la physique peut donner des choses, du monde sensible et de ses événements. Et comme nous pouvons exposer les principes de la mécanique de plusieurs façons différentes, en sélectionnant différemment les propositions fondamentales, nous obtenons des images différentes des choses et pouvons les examiner et les comparer quant à leur admissibilité, leur exactitude et leur utilité.

(Heinrich HERTZ, *Principes de la Mécanique*, 1876).

ŒUVRES DE HERTZ :

Gesammelte Werke, 3 vol., 1894-1895.

ÉTUDES SUR HERTZ :

M. Planck, « Heinrich Hertz, Rede zu seinem Gedächtnis », in *Verhandlungen der Physikalischen Gesellschaft zu Berlin*, 13 (1894), 9-29. – Johanna Hertz, *H. H. Erinnerungen, Briefe, Tagebücher*, 1927. – J. Zenneck, *Heinrich Hertz*, 1929.

LOUIS DE BROGLIE (1892)

LES PROGRÈS DE LA PHYSIQUE CONTEMPORAINE

La physique, comme toutes les sciences de la nature, progresse par deux voies différentes : d'une part, l'expérience qui permet de découvrir et d'analyser un nombre croissant de phénomènes, de faits physiques ; d'autre part, la théorie qui sert à relier et à rassembler dans un système cohérent les faits déjà connus et à guider la recherche expérimentale en en prévoyant de nouveaux. Des efforts conjugués de l'expérience et de la théorie, résulte à chaque époque l'ensemble des connaissances qui constituent la Physique de cette époque.

Quand la science moderne a commencé son développement, c'est naturellement l'étude des phénomènes physiques que nous apercevons immédiatement autour de nous qui a, la première, retenu l'attention des physiciens. Par exemple, l'étude de l'équilibre et du mouvement des corps a donné naissance à cette branche, aujourd'hui autonome, de la physique qu'on nomme la Mécanique ; de même l'étude des phénomènes sonores a conduit à l'Acoustique, et c'est en réunissant et en systématisant les phénomènes où la lumière intervient, qu'on a créé l'Optique.

Ce fut la grande tâche et la grande gloire de la physique du XIXe siècle d'avoir ainsi considérablement précisé et étendu en tous sens notre connaissance des phénomènes qui se jouent à notre échelle. Non seulement elle a continué à développer la Mécanique, l'Acoustique, l'Optique, toutes ces grandes disciplines de la science classique, mais elle a aussi créé de toutes pièces des sciences nouvelles aux aspects innombrables : la Thermodynamique et la science de l'Électricité.

Maîtrisant l'immense domaine de faits couverts par ces diverses branches de la physique, savants et techniciens ont pu en tirer un nombre énorme d'applications pratiques. De la machine à vapeur jusqu'à la Radiotéléphonie, innombrables sont les inventions dérivant des progrès de la physique du XIXe siècle, dont nous profitons aujourd'hui : ces inventions tiennent directement ou indirectement une si grande place dans la vie de chacun de nous qu'il est vraiment inutile de les énumérer.

Ainsi donc, la physique du dernier siècle est parvenue à dominer entièrement les phénomènes que nous apercevons autour de nous. Sans doute l'étude de ces phénomènes peut encore conduire à beaucoup de connaissances et d'applications nouvelles, mais, en ce domaine, l'essentiel paraît fait. Aussi, de plus en plus, depuis trente ou quarante années, l'attention des pionniers de la physique s'est-elle tournée vers des phénomènes plus subtils, impossibles à déceler et à analyser sans une technique expérimentale très raffinée : les phénomènes moléculaires, atomiques et intra-atomiques. Il ne suffit pas, en effet, pour satisfaire la curiosité de l'esprit humain, de savoir comment se comportent les corps matériels pris dans leur ensemble, dans leurs manifestations globales, comment se jouent les réactions entre lumière et matière quand on les observe en gros ; il faut descendre aux détails, chercher à analyser la structure de la matière et de la lumière et à préciser les actes élémentaires dont l'ensemble donne naissance aux apparences globales. Pour mener à bien cette difficile enquête, il faut d'abord une technique expérimentale très raffinée, susceptible de déceler et d'enregistrer des actions très subtiles, de mesurer avec précision des quantités énormément plus petites que celles qui interviennent dans notre expérience courante : il faut aussi des théories audacieuses, s'appuyant sur des parties élevées de la science mathématique et prêtes à faire usage d'images et de conceptions entièrement nouvelles. On conçoit donc combien il a fallu d'ingéniosité, de patience et de talent pour constituer et promouvoir cette Physique atomique.

Du côté expérimental, le progrès a été caractérisé par la connaissance de jour en jour plus étendue des constituants ultimes de la matière et des phénomènes reliés à l'existence de ces constituants ultimes.

Depuis longtemps déjà, les chimistes avaient admis dans leurs raisonnements que les corps matériels sont formés d'atomes. L'étude des propriétés des corps matériels permet, en effet, de les répartir en deux catégories : les corps composés que l'on peut, par des opérations appropriées, réduire en corps plus simples, et les corps simples ou éléments chimiques qui, eux, résistent à toute tentative de dissociation. L'étude des lois quantitatives, suivant lesquelles les corps simples s'unissent pour former des corps composés, a conduit les chimistes depuis un siècle à adopter l'hypothèse suivante : « Un corps simple serait formé de petites particules toutes identiques qu'on nomme les atomes de ce corps simple ; les corps composés seraient formés de molécules constituées par l'union de plusieurs atomes de corps simples. » Selon cette hypothèse, dissocier un corps composé en le réduisant aux éléments qui le composent, c'est briser les molécules de ce corps et mettre en liberté les atomes qu'elles contiennent. Le nombre des corps simples actuellement connus est de 89, et l'on pense que leur nombre total est 92 (ou peut-être 93). Ce serait donc avec 92 genres différents d'atomes que seraient construits tous les corps matériels.

L'hypothèse atomique n'a pas seulement réussi à coordonner la chimie ; elle a aussi pénétré en physique. Si les corps matériels sont formés de molécules et d'atomes, leurs propriétés physiques doivent s'expliquer par cette constitution atomique. Les propriétés des gaz, par exemple, devront s'expliquer en admettant qu'un gaz est formé par un nombre immense d'atomes ou de molécules en mouvement rapide : la pression exercée par le gaz sur les parois du récipient qui le contient sera due au choc des molécules contre ces parois ; la température du gaz mesurera l'agitation moyenne des molécules, cette agitation augmentant quand la température s'élève. C'est cette conception de la constitution des gaz qui a été développée dans la seconde moitié du XIXe siècle sous le nom de « Théorie cinétique des gaz » et qui a permis d'expliquer l'origine des lois des gaz révélées par l'expérience. Si l'hypothèse atomique est exacte, les propriétés des corps solides ou liquides devront pouvoir s'interpréter en admettant que dans ces états physiques les molécules ou atomes se trouvent beaucoup plus rapprochés que dans l'état gazeux ; les forces considérables qui s'exercent alors entre atomes et molécules doivent rendre compte des propriétés d'incompressibilité, de cohésion, etc., qui caractérisent solides et liquides. La théorie atomique de la matière a été confirmée par de belles expériences directes, comme celles de M. Jean Perrin, qui ont permis de mesurer le poids des diverses sortes d'atomes et leur nombre par centimètre cube.

Sans entrer davantage dans le développement de la théorie atomique, nous rappellerons seulement qu'en physique comme en chimie l'hypothèse d'après laquelle tous les corps sont composés de molécules, elles-mêmes constituées par divers assemblages des atomes élémentaires, s'est montrée très fructueuse et doit par suite être regardée comme une bonne représentation de la réalité. Mais les physiciens ne s'en sont pas tenus là : ils ont voulu savoir comment étaient constitués les atomes eux-mêmes et comprendre en quoi les atomes des divers éléments se différencient les uns des autres. Ils ont été aidés dans cette tâche par le progrès de nos connaissances des phénomènes électriques. Dès le début de l'étude des phénomènes électriques, il avait paru utile de considérer, par exemple, le courant électrique qui traverse un fil métallique comme l'écoulement du « fluide électrique » à travers ce fil. Mais il y a, on le sait, deux espèces d'électricité : l'électricité positive et l'électricité négative. Il est donc naturel de supposer qu'il existe deux fluides : le fluide électrique positif et le fluide électrique négatif. On peut se figurer ces fluides de deux façons différentes : on peut les imaginer formés par une substance occupant uniformément toute la région où se trouve le fluide, ou bien on peut, au contraire, se les représenter comme formés par des nuages de petits corpuscules, chaque corpuscule étant une petite boule d'électricité. L'expérience a décidé en faveur de la seconde de ces conceptions. Elle nous a appris, il y a une trentaine d'années, que l'électricité négative est formée de petits corpuscules tous identiques, de masse et de charge électrique extraordinairement petites. Les corpuscules d'électricité négative sont nommés les électrons. On est parvenu à faire sortir des électrons de la matière et à étudier leur manière de se comporter quand ils se déplacent dans le vide : on a ainsi vérifié qu'ils se déplacent comme doivent le faire d'après les lois de la mécanique classique de petites particules électrisées, et c'est en étudiant la façon dont ces petites particules se comportent en présence de champs électriques ou magnétiques, que l'on a pu mesurer leur charge et leur masse qui sont, je le répète, extraordinairement petites. Pour l'électricité positive, les preuves de sa structure corpusculaire sont moins directes ; néanmoins les physiciens sont parvenus à la conviction que l'électricité positive est, elle aussi, subdivisée en corpuscules tous identiques qu'on nomme maintenant les « protons ».

Le proton est une masse qui, bien qu'encore très petite, est près de deux mille fois plus grande que celle de l'électron, fait qui établit une curieuse dissymétrie entre l'électricité positive et l'électricité négative ; la charge du proton est, par contre, égale en valeur absolue à celle de l'électron, mais, bien entendu, de signe contraire, positive au lieu de négative.

Les électrons et les protons ont une masse extrêmement petite, mais néanmoins cette masse n'est pas nulle, et un nombre énorme de protons et d'électrons pourra présenter une masse totale notable. Il est donc tentant de supposer que tous les corps matériels, essentiellement caractérisés par le fait d'être pesants et d'avoir de l'inertie, c'est-à-dire par leur masse, sont uniquement formés, en dernière analyse, de protons et d'électrons en nombre énorme. Dans cette manière de voir, les atomes des éléments, qui sont les matériaux ultimes dont sont construits tous les corps matériels, doivent être eux-mêmes formés d'électrons et de protons, et les 92 sortes d'atomes différents des 92 éléments doivent être 92 assemblages différents d'électrons et de protons.

L'idée que les atomes sont formés de protons et d'électrons a pu ensuite être précisée davantage grâce surtout aux travaux expérimentaux du grand physicien anglais lord Rutherford et aux travaux théoriques du savant danois M. Niels Bohr. L'atome d'un corps simple s'est révélé comme formé d'un noyau central portant une charge positive égale à un nombre entier de N fois la charge du proton et de N électrons gravitant autour de ce noyau : l'ensemble est donc électriquement neutre. Le noyau est sans doute lui-même formé de protons et d'électrons, comme nous le verrons plus loin en détail. Presque toute la masse de l'atome se trouve concentrée dans le noyau puisque celui-ci contient des protons et que ceux-ci sont beaucoup plus lourds que les électrons. L'atome le plus simple est celui de l'hydrogène, constitué par un noyau formé d'un seul proton autour duquel gravite un seul électron. Ce qui différencie l'atome d'un élément de l'atome d'un autre élément, c'est le nombre N des charges positives élémentaires portées par le noyau : on peut donc ranger les corps simples en une série ordonnée suivant les valeurs croissantes du nombre N, depuis l'hydrogène (N = 1) jusqu'à l'uranium (N = 92). On s'est aperçu que cette manière de classer les corps simples coïncide avec celle qu'on avait déduite de la valeur des poids atomiques et des propriétés chimiques et qui était connue sous le nom de classification de Mendéléeff (du nom du chimiste russe qui l'avait proposée).

Je ne puis pas expliquer ici en détail pourquoi l'idée que l'atome est une sorte de petit système solaire formé d'un noyau-soleil et d'électrons-planètes a rencontré une si vive faveur de la part des physiciens. Je me bornerai à dire qu'elle a permis non seulement d'interpréter les propriétés chimiques des corps simples, mais aussi plusieurs de leurs propriétés physiques, telles que la composition du rayonnement lumineux qu'ils sont capables d'émettre dans certaines circonstances, par exemple quand on les porte à l'incandescence.

Mais il y a un point que nous devons noter. Pour pouvoir développer d'une manière satisfaisante cette théorie de l'atome équivalent à un système solaire, Bohr a dû introduire une idée étrange qu'il a empruntée à la théorie des quanta développée antérieurement par M. Planck. J'ai dit tout à l'heure que, dans les expériences où l'on peut suivre le mouvement d'un électron, celui-ci se comporte comme un petit corpuscule d'une masse très faible et que son mouvement peut se prévoir par application des lois de la mécanique classique. Mais considérons les mouvements d'un électron sur des trajectoires de très petites dimensions, mouvements que nous ne pouvons pas suivre par l'observation, mais que M. Bohr a imaginés pour calculer les caractéristiques de son modèle planétaire de l'atome. On s'est aperçu, M. Planck le premier, que de tels mouvements ne doivent pas suivre exactement les lois de la mécanique classique. Parmi tous les mouvements que la mécanique classique reconnaît comme possibles, certains seulement peuvent être effectivement exécutés par l'électron : ces mouvements privilégiés ont été nommés mouvements « quantifiés ». M. Bohr, dans sa théorie de l'atome-système solaire, a dû reprendre l'idée de Planck : il a trouvé que les électrons-planètes ne peuvent posséder que des mouvements quantifiés, et c'est cette circonstance qui donne en quelque sorte la clef de toutes les propriétés des atomes.

Résumons un peu ce qui précède. L'étude des propriétés des corps matériels a conduit les physiciens à considérer la matière comme formée uniquement de petits corpuscules, électrons et protons ; divers assemblages de ces corpuscules constituent les atomes des 92 corps simples à partir desquels sont formées les molécules des corps composés. Telle était la conclusion à laquelle on était arrivé, il y a une vingtaine d'années. Nous verrons tout à l'heure que les choses se sont compliquées depuis. Mais maintenant nous devons pour un moment cesser de nous occuper de la matière et parler un peu de la lumière.

La lumière, quand elle nous vient du soleil ou des étoiles, arrive à notre œil après avoir traversé d'immenses espaces d'où la matière est absente ; la lumière traverse donc le vide sans difficulté et, à la différence du son par exemple, elle n'est pas liée à un mouvement de la matière. La description du monde physique ne serait donc pas suffisante si l'on n'ajoutait pas à la matière une autre réalité indépendante d'elle : la lumière.

Mais qu'est-ce que la lumière ? De quoi est-elle constituée ?

Les philosophes de l'antiquité et beaucoup de savants jusqu'au début du siècle dernier ont soutenu que la lumière était formée de petits corpuscules en mouvement rapide. La propagation rectiligne de la lumière dans les conditions usuelles, la réflexion de la lumière sur les miroirs s'expliquent immédiatement avec cette hypothèse.

Cette théorie corpusculaire de la lumière a été ensuite complètement abandonnée, il y a un siècle, à la suite des travaux du physicien anglais Young et surtout ceux d'un génial savant français, Augustin Fresnel. Young et Fresnel ont en effet découvert toute une catégorie de phénomènes lumineux, les phénomènes d'interférence et de diffraction, dont l'interprétation par la théorie corpusculaire est impossible, tandis qu'une autre conception, la conception ondulatoire de la lumière, rend compte à la fois, Fresnel l'a admirablement montré, des phénomènes classiques de propagation rectiligne, de réflexion et de réfraction, et, de plus, des phénomènes d'interférence et de diffraction.

La conception ondulatoire de la lumière, antérieurement soutenue par quelques esprits perspicaces, tels que le Hollandais Christian Huygens, admet que la propagation de la lumière doit être comparée à la propagation d'une onde dans un milieu élastique, comme ces rides qui se déplacent à la surface d'une nappe d'eau quand on y a jeté une pierre. Comme la lumière se propage dans le vide, Fresnel imaginait une sorte de milieu subtil, l'éther, qui imprégnerait tous les corps matériels, remplirait les espaces vides et servirait de support aux ondes lumineuses.

Disons maintenant comment on peut concevoir une onde. Une onde, quand elle se propage librement, est analogue à une succession de vagues dont les crêtes sont séparées par une distance constante nommée « longueur d'onde ». L'ensemble de ces vagues se déplace dans la direction de propagation avec une certaine vitesse, la vitesse de propagation de l'onde, qui est pour les ondes lumineuses dans le vide de 300 000 kilomètres par seconde, comme l'ont montré des expériences faites après la mort de Fresnel. En un point fixe de l'espace, les différentes vagues avec leurs crêtes et leurs creux défilent successivement : la grandeur qui se propage par ondes y varie donc périodiquement, et la période de cette variation est évidemment égale au temps qui s'écoule entre le passage de deux crêtes consécutives.

Nous venons de voir comment progresse une onde dans une région où rien ne vient entraver sa propagation. Les choses se passent différemment si l'onde, en se propageant, vient se heurter à des obstacles, par exemple si elle rencontre des surfaces qui l'arrêtent ou la réfléchissent, ou bien si elle doit passer au travers d'ouvertures percées dans des écrans, ou bien encore si elle rencontre des centres matériels qui la diffusent. Alors l'onde sera comme déformée et repliée sur elle-même, de sorte qu'au lieu d'avoir affaire à une onde simple, on a alors affaire à une superposition d'ondes simples. L'état vibratoire résultant en chaque point dépend de la façon dont les effets des diverses ondes simples superposées se renforcent ou se contrarient. Si les ondes simples ajoutent leurs effets, si elles sont, comme on dit, en concordance de phase, la vibration résultante sera très intense : si, au contraire, les ondes simples se contrarient, si elles sont en opposition de phase, la vibration résultante sera faible ; parfois même nulle. En résumé, la présence d'obstacles troublant la propagation d'une onde provoque l'apparition d'une répartition compliquée des intensités de vibration, répartition qui dépend d'ailleurs essentiellement de la longueur d'onde de l'onde incidente. Ce sont là des phénomènes d'interférence et de diffraction.

Si l'on adopte l'idée que la lumière est formée d'ondes, on est donc amené à prévoir que, si des obstacles s'opposent à la libre progression d'un faisceau de lumière, des phénomènes d'interférence et de diffraction vont se produire. Or, dans ces conditions, Young puis Fresnel ont montré que la lumière présente effectivement des phénomènes d'interférence ou de diffraction et Fresnel a, de plus, démontré que la conception ondulatoire de la lumière suffit à expliquer dans tous leurs détails toutes les apparences observées. À partir de ce moment et pendant tout le siècle dernier, la nature purement ondulatoire de la lumière a été admise sans contestation.

Comme il est bien connu, il existe diverses sortes de lumières simples, chacune d'elles correspondant à une « couleur » bien déterminée. La lumière blanche émise par les corps incandescents, le filament d'une lampe électrique par exemple, est formée par la superposition d'une suite continue de lumières simples dont les couleurs varient progressivement, par transitions insensibles, du violet au rouge et qui forme le « spectre ». La théorie ondulatoire de la lumière est tout naturellement amenée à caractériser chaque sorte de lumière, chaque composante du spectre, par une longueur d'onde. Comme les phénomènes d'interférence dépendent de la longueur d'onde, ils permettent de mesurer les longueurs d'ondes correspondant aux diverses couleurs du spectre. On a pu ainsi constater que la longueur d'onde varie en croissant d'une façon continue depuis l'extrémité violette du spectre, où elle est de 4 dix-millièmes de millimètre, jusqu'à l'extrémité rouge, où elle atteint 8 dix-millièmes de millimètre.

Donc, il y a trente ans environ, nul ne mettait en doute la nature purement ondulatoire de la lumière et des autres radiations. Mais, depuis lors, on a découvert des phénomènes produits par les radiations et jusque-là inconnus qui ne paraissent explicables que par la conception corpusculaire. Le principal de ces phénomènes est l'effet photoélectrique. Voici en quoi il consiste : quand on éclaire un morceau de matière, un métal par exemple, avec de la lumière, on voit fréquemment ce morceau de matière expulser des électrons en mouvement rapide. L'étude de ce phénomène a montré que la vitesse des électrons expulsés ne dépend que de la longueur d'onde de la radiation incidente et de la nature du corps irradié ; mais elle ne dépend aucunement de l'intensité de la radiation incidente, et c'est seulement le nombre des électrons expulsés qui dépend de cette intensité. De plus, l'énergie des électrons expulsés varie en raison inverse de la longueur d'onde de l'onde incidente. M. Einstein, en réfléchissant sur ce phénomène, s'est aperçu que, pour l'expliquer, il fallait en revenir, au moins dans une certaine mesure, à une structure corpusculaire des radiations. Il a admis que les radiations sont formées de corpuscules transportant une énergie inversement proportionnelle à la longueur d'onde et a montré que les lois de l'effet photoélectrique se déduisent facilement de cette hypothèse.

Et alors, les physiciens se sont trouvés bien embarrassés parce que, d'un côté, il y a l'ensemble des phénomènes d'interférence et de diffraction qui montrent que la lumière est formée d'ondes et, de l'autre côté, il y a le phénomène photoélectrique et d'autres phénomènes plus récemment découverts qui montrent que la lumière est formée de corpuscules, de « photons », comme on dit à présent.

La seule manière de sortir de la difficulté, c'est d'admettre que l'aspect ondulatoire de la lumière et son aspect corpusculaire sont comme deux aspects complémentaires d'une même réalité. Chaque fois qu'une radiation échange de l'énergie avec la matière, cet échange peut se décrire comme étant l'absorption ou l'émission par la matière d'un photon, mais, quand on veut décrire le déplacement global des corpuscules de lumière dans l'espace, c'est à une propagation d'ondes qu'il faut avoir recours. En approfondissant cette idée, on est conduit à admettre que la densité du nuage de corpuscules qui est associé à une onde lumineuse est en tout point proportionnelle à l'intensité de cette onde lumineuse. On parvient ainsi à une sorte de synthèse des deux anciennes théories rivales et l'on peut expliquer à la fois les interférences et l'effet photoélectrique. Le grand intérêt de cette synthèse, c'est de nous révéler qu'ondes et corpuscules sont intimement liés dans la nature, du moins dans le cas de la lumière. Mais s'il en est ainsi pour la lumière, ne peut-on pas supposer qu'il en est de même pour la matière ? Tout l'effort des physiciens avait tendu à réduire la matière à n'être qu'un vaste ensemble de corpuscules. Mais, de même qu'un photon ne peut être isolé de l'onde qui lui est associée, ne doit-on pas penser que les corpuscules de matière, eux aussi, sont toujours associés à une onde ? Telle est la question capitale qu'il nous faut aborder.

Supposons que les corpuscules de matière, les électrons par exemple, soient toujours accompagnés d'une onde. Le corpuscule et l'onde étant étroitement associés, le mouvement du corpuscule et la propagation de l'onde ne sont pas indépendants, et aux grandeurs mécaniques, quantité de mouvement et énergie, du corpuscule, on doit pouvoir relier les grandeurs caractéristiques de l'onde associée, longueur d'onde et vitesse de propagation. En s'inspirant de la liaison qui existe entre le photon et son onde associée, on peut en effet établir ce parallélisme : cette théorie de la liaison entre les corpuscules matériels et leurs ondes associées est aujourd'hui connue sous le nom de Mécanique ondulatoire.

Lorsque l'onde associée à un corpuscule se propage librement dans une région de grandes dimensions par rapport à la longueur d'onde, la nouvelle mécanique conduit à attribuer au corpuscule associé à l'onde le mouvement qui était prévu par les lois de la mécanique classique. C'est, en particulier, ce qui a lieu pour les mouvements des électrons que nous pouvons observer directement, et l'on s'explique ainsi pourquoi l'étude des mouvements des électrons à grande échelle avait conduit à les considérer comme de simples corpuscules. Mais il y a des cas où les lois classiques de la mécanique ne parviennent plus à décrire le mouvement des corpuscules. Le premier cas est celui où la propagation de l'onde associée est restreinte à une région de l'espace dont les dimensions sont de l'ordre de la longueur d'onde. C'est ce qui arrive pour les électrons à l'intérieur de l'atome. L'onde associée à l'électron est alors obligée de prendre la forme d'une onde stationnaire, analogue aux ondes élastiques stationnaires dont une corde, fixée aux deux bouts, peut être le siège, ou aux ondes électriques stationnaires qui peuvent s'établir dans une antenne de T.S.F. La théorie montre que ces ondes stationnaires ne peuvent avoir que certaines longueurs d'onde bien définies auxquelles correspondent certaines énergies bien définies de l'électron associé, ces états d'énergie bien définis correspondant aux états de mouvement « quantifiés » introduits par Bohr dans sa théorie, et l'on s'explique ainsi le fait, jusqu'alors très mystérieux, que ces mouvements quantifiés soient les seuls possibles pour l'électron enfermé dans l'atome.

Il y a un second cas où le mouvement de l'électron ne doit pas suivre les lois classiques de la mécanique : c'est celui où son onde associée se heurte à des obstacles au cours de sa propagation. Il se produit alors des interférences, et le mouvement des corpuscules n'a plus aucun rapport avec celui que prévoirait la mécanique classique. Pour nous rendre compte de la façon dont les choses doivent se passer, laissons-nous guider par l'analogie avec les radiations. Supposons que nous envoyions une radiation de longueur d'onde connue sur un dispositif susceptible de donner lieu à des interférences. Puisque nous savons que les radiations sont formées de photons, nous pouvons dire que nous envoyons un essaim de photons sur le dispositif en question. Dans la région où se produisent les interférences, les photons se répartissent de telle façon qu'ils se trouvent concentrés là où l'intensité de l'onde associée est la plus grande. Si maintenant nous envoyons sur le même dispositif non plus une radiation, mais un faisceau d'électrons dont l'onde associée ait même longueur d'onde que la radiation précédemment employée, l'onde interférera comme précédemment, puisque c'est la longueur d'onde qui règle les phénomènes d'interférences. Il est alors tout naturel de penser que les électrons vont se trouver concentrés là où l'intensité de l'onde est la plus grande ; en d'autres termes, dans cette seconde expérience, les électrons vont se répartir dans l'espace comme le faisaient les photons dans la première. Si l'on peut établir qu'en fait il en est bien ainsi, on aura établi par là même l'existence de l'onde associée aux électrons et l'on pourra voir si les formules de la mécanique ondulatoire sont exactes.

Or, la mécanique ondulatoire conduit à associer aux électrons animés des vitesses usuellement réalisées dans les expériences une onde dont la longueur d'onde est de l'ordre de celle des rayons X (1 dix-millionième de millimètre). Pour mettre en évidence l'onde des électrons, il faut donc chercher à réaliser avec eux des phénomènes d'interférences analogues à ceux que l'on obtient avec les rayons X. Des phénomènes de ce genre ont été effectivement obtenus, en premier lieu, en 1927, par MM. Davisson et Germer aux États-Unis, puis par un grand nombre d'expérimentateurs, notamment par le professeur G. P. Thomson en Angleterre et M. Ponte en France. Je ne décrirai point leurs expériences, je dirai seulement qu'elles ont abouti à la vérification complète des formules de la mécanique ondulatoire.

Ces magnifiques expériences ont donc prouvé que l'électron n'est pas un simple corpuscule ; il est, en un sens, à la fois corpuscule et onde. Et il en est de même pour le proton, comme des expériences plus récentes l'ont montré. Nous voyons donc que la matière comme la lumière est formée d'ondes et de corpuscules. Matière et lumière apparaissent comme beaucoup plus semblables dans leur structure qu'on ne le pensait autrefois. Par là, notre conception de la nature se trouve embellie et simplifiée.

Le noyau de l'atome de nombre atomique N porte, nous l'avons vu plus haut, une charge positive égale à N fois celle du proton et est le siège de la presque totalité de la masse de l'atome. Depuis longtemps, on suppose que les noyaux atomiques sont formés de protons et d'électrons, le nombre des protons surpassant de N le nombre des électrons et toute la masse étant due pratiquement aux protons. Cette idée que le noyau est complexe est en quelque sorte imposée par l'interprétation de la Radioactivité. La découverte de la radioactivité, amorcée par Henri Becquerel, a été l'œuvre de Pierre Curie et de sa collaboratrice et épouse Marie Sklodowska, Mme Pierre Curie, dont la disparition récente a frappé la science française d'un deuil cruel. Les corps radioactifs sont des éléments lourds portant les numéros les plus élevés de la série des éléments (de 83 à 92). Ils sont caractérisés par le fait d'être spontanément instables, c'est-à-dire que, de temps à autre, le noyau d'un de leurs atomes fait explosion en se transformant en un noyau d'atome plus léger. Cette décomposition est accompagnée de l'expulsion d'électrons (rayons β), d'atomes légers d'hélium ($N = 2$) (rayons α) et de radiations très pénétrantes de très hautes fréquences (rayons γ). La découverte de ces phénomènes de radioactivité a eu pour les physiciens l'énorme intérêt de leur prouver que les noyaux sont bien des édifices complexes, qu'en se décomposant un noyau compliqué donne naissance à un noyau plus simple, réalisant ainsi spontanément la transmutation des éléments rêvée par les alchimistes du Moyen Âge. Malheureusement, la radioactivité est un phénomène sur lequel nous ne pouvons exercer aucune influence et que, par suite, nous sommes réduits à observer sans pouvoir en modifier les modalités. Un grand progrès a été réalisé, une vingtaine d'années après la découverte de la radioactivité, par la découverte de la désintégration artificielle due au grand physicien anglais Rutherford. En bombardant des atomes légers à l'aide de particules α (elles-mêmes émises par des corps radioactifs), on est parvenu à briser ces atomes légers. On obtient ainsi des atomes plus simples, réalisant une véritable transmutation artificielle. Naturellement, cette transmutation est réalisée pour de si faibles quantités de matière qu'elle n'a pas aujourd'hui d'intérêt pratique, mais son intérêt théorique est énorme, car elle montre l'unité de la matière et nous renseigne sur la constitution des noyaux.

Cette étude des transmutations artificielles s'est beaucoup développée dans ces dernières années, d'abord en Angleterre sous l'impulsion de lord Rutherford, où de jeunes physiciens, MM. Chadwick, Cockcroft, Walton, Blackett, ont obtenu d'admirables résultats, puis dans divers autres pays, notamment aux États-Unis, où je citerai les travaux de M. Lawrence. En France, nous avons à Paris deux centres très importants, où de jeunes savants d'un très grand mérite s'occupent des questions relatives au noyau. C'est, d'une part, l'Institut du Radium, qui fut dirigé jusqu'à sa mort par Mme Pierre Curie, et où travaillent notamment sa fille, Mme Joliot, Irène Curie, et le mari de celle-ci, M. Joliot, ainsi que MM. Pierre Auger,

Rosenblum, etc. Puis, il y a le Laboratoire de Recherches physiques sur les rayons X, fondé et dirigé par le frère de l'auteur, où M. Jean Thibaud, M. J.-J. Trillat, M. Leprince-Ringuet et d'autres font ou ont fait de belles et fructueuses recherches.

Je ne puis entrer aucunement ici dans le détail des résultats obtenus qui ont conduit à une sorte de chimie du noyau, les transmutations se représentant à l'aide d'équations tout à fait analogues à celles qu'emploient depuis longtemps les chimistes pour représenter les réactions chimiques ordinaires. Mais je veux insister sur deux découvertes fondamentales que l'on a faites, d'une façon tout à fait inattendue, au cours de ces recherches. C'est d'abord la découverte du neutron. En poursuivant certaines expériences de désintégration, M. Chadwick, d'une part, M. et Mme Joliot, d'autre part, ont constaté la présence, dans les produits de la désintégration, d'un nouveau genre de corpuscule jusqu'alors inconnu. Ces corpuscules, qui passent très aisément à travers la matière, paraissent dénués de charge électrique et posséder une masse sensiblement égale à celle du proton. On les nomme maintenant les « neutrons », et il ne semble plus guère douteux qu'ils ne jouent un rôle important dans la structure des noyaux.

Moins d'un an après la découverte du neutron (1932), un quatrième genre de corpuscule a été à son tour découvert. En étudiant les effets de désintégration produits par les rayons cosmiques, M. Anderson, d'une part, MM. Blackett et Occhialini, d'autre part, ont mis en évidence l'existence d'électrons positifs, c'est-à-dire de corpuscules de même masse que l'électron, mais dont la charge électrique est égale *et de signe contraire* à celle de l'électron. Ces électrons positifs, dont l'apparition est beaucoup plus exceptionnelle que celle des électrons négatifs, paraissent jouer un rôle important dans les phénomènes du noyau.

À la suite de ces sensationnelles découvertes récentes, la situation se trouve être plus compliquée qu'avant, car nous connaissons maintenant quatre sortes de corpuscules : électrons, protons, électrons positifs et neutrons. Sont-ils vraiment tous élémentaires ? Non, sans doute ; il paraît probable que l'un des quatre doit être complexe. On peut, par exemple, supposer que le proton, l'électron et l'électron positif sont élémentaires, le neutron étant alors formé d'un proton qui est responsable de la presque totalité de la masse et d'un électron qui neutralise la charge du proton. On peut aussi supposer (et cette hypothèse nous paraît plus séduisante) que les corpuscules élémentaires sont le neutron et les deux sortes d'électrons ; le proton serait formé d'un neutron et d'un électron positif et perdrait son rang de corpuscule simple. Quoi qu'il en soit, la découverte du neutron et de l'électron positif enrichit considérablement notre connaissance du monde atomique.

Disons encore un mot des rayons cosmiques. Une série de travaux faits dans ces dernières années, et au premier rang desquels se placent ceux du professeur Millikan, ont démontré l'existence d'un rayonnement extrêmement pénétrant qui paraît venir de l'espace interplanétaire. On a découvert que ce rayonnement produit sur la matière des effets extrêmement puissants, provoquant de multiples désintégrations atomiques. L'étude des rayons cosmiques est difficile : leur nature reste encore assez incertaine ; mais il est très probable que de nombreux et intéressants résultats seront prochainement obtenus de ce côté aussi.

On voit, d'après ce trop rapide exposé, que les recherches de laboratoire nous ont apporté chaque jour, depuis quelques années, des découvertes d'un inexprimable intérêt. De son côté, la Physique théorique, dont la mission est d'éclairer et de guider la recherche expérimentale, n'est pas restée inactive.

L'histoire de la physique théorique depuis trente ans est marquée par le développement de deux grandes doctrines d'une portée profonde, la théorie de la relativité et celle des quanta. La théorie de la relativité, qui est la moins directement reliée au progrès de la physique atomique, est la plus connue du grand public. Elle a eu pour point de départ certaines expériences d'interférences de la lumière dont l'interprétation par les théories anciennes était impossible. Par un effort intellectuel qui restera mémorable dans les annales de la science, M. Albert Einstein a levé la difficulté en introduisant des idées entièrement nouvelles sur la nature de l'espace et du temps et sur leur liaison réciproque. Ainsi est née cette belle théorie de la relativité, qui s'est ensuite généralisée en nous fournissant une conception originale de la gravitation. On a discuté, on discute encore sur certaines vérifications expérimentales de la théorie, mais il est certain qu'elle a apporté des points de vue extrêmement nouveaux et féconds. Elle a montré comment, en écartant certaines idées préconçues, adoptées par habitude plutôt que par la logique, on pouvait renverser des obstacles qui paraissaient insurmontables et découvrir ainsi des horizons inattendus. La théorie de la relativité a été pour l'esprit des physiciens un merveilleux exercice d'assouplissement.

Moins connus du grand public, mais assurément pour le moins aussi importants, sont la théorie des quanta et ses prolongements. C'est elle qui a permis d'utiliser les constatations de la physique expérimentale pour constituer une science des phénomènes atomiques. Le fait fondamental qui est apparu quand on a voulu serrer de près la description de ces phénomènes, c'est la nécessité d'y faire intervenir des conceptions tout à fait nouvelles, tout à fait étrangères à la physique classique. Pour décrire le monde atomique, il ne suffit pas de transposer à des échelles beaucoup plus petites les méthodes et les images qui sont valables à notre échelle ou à l'échelle astronomique. Comme nous l'avons vu, on est bien parvenu, à la suite de M. Bohr, à se représenter les atomes comme de petits systèmes solaires en miniature où des électrons, jouant le rôle de planètes, décrivent des orbites autour d'un soleil central chargé positivement, mais, pour que cette représentation donne des résultats vraiment intéressants, il a fallu supposer que le système solaire atomique obéit à des lois, les lois de quanta, tout à fait différentes de celles des systèmes de l'astronomie. Plus on a médité sur ces différences, plus on s'est aperçu de leur portée profonde, de leur signification fondamentale. L'intervention des quanta a conduit à introduire partout le discontinu dans la physique atomique, et cette introduction est essentielle, puisque sans elle les atomes seraient instables, et que la matière ne pourrait exister.

Nous avons vu qu'à la suite de la découverte de la double nature corpusculaire et ondulatoire des électrons, la théorie des quanta a pris depuis quelques années une forme nouvelle appelée « Mécanique ondulatoire» dont les succès ont été innombrables. La mécanique ondulatoire a permis de mieux comprendre et de mieux prévoir les phénomènes qui dépendent de l'existence pour les atomes d'états stationnaires quantifiés. Il n'y a pas jusqu'à la chimie qui n'ait profité de l'essor de la nouvelle théorie, car celle-ci a apporté une façon tout à fait nouvelle et intéressante de concevoir les liaisons chimiques.

Le développement de la mécanique ondulatoire a obligé les physiciens à élargir de plus en plus leurs conceptions. Dans cette nouvelle doctrine, les lois de la nature n'ont plus un caractère aussi strict que dans la physique classique; il n'y a plus de déterminisme rigoureux des phénomènes; mais seulement des lois de probabilité. C'est ce que traduit d'une façon précise le fameux «principe d'incertitude» énoncé par M. Werner Heisenberg. Les notions mêmes de causalité et d'individualité ont dû être soumises à un nouvel examen et de cette considérable crise des principes directeurs de nos représentations physiques sortiront sans doute des conséquences philosophiques qui ne sont pas encore toutes bien aperçues aujourd'hui.

(Louis DE BROGLIE : *Matière et lumière, Exposés généraux sur la physique contemporaine, 1*, Albin Michel, Paris, 1937, pages 14 à 34.)

ŒUVRES DE L. DE BROGLIE :

L'électron magnétique, Paris, 1934. – *Ondes et corpuscules*, Paris, 1928. – *Matière et lumière*, Paris, 1937 ; tr. all. *Licht und Materie*, 7e éd., 1949. – *Continu et discontinu en physique moderne*, Paris, 1941 ; tr. all. *Die Elementarteil-*

chen, 1943. – *Physique et microphysique*, Paris, 1947 ; tr. all. 1950. – *Théorie générale des particules à spin*, Paris, 1943. – L. de Broglie éd., *La cybernétique, théorie du signal et de l'information*, Paris, 1951.

Dans ce supplément, nous avons essayé de situer les sciences naturelles sur le plan historique, à l'aide d'une sélection, nécessairement brève, de textes de ses représentants les plus éminents. Pour conclure, nous aimerions souligner les points suivants :

1. À leurs débuts, les sciences naturelles modernes se distinguent par une humilité consciente : elles se prononcent sur des rapports rigoureusement limités et leurs énoncés *ne valent que dans le cadre de ces limites*.

2. Au XIXe siècle, cette humilité disparaît dans une large mesure. Les découvertes de la physique sont considérées comme des déclarations sur la nature dans son ensemble. La physique se veut philosophie et l'on exige que toute philosophie véritable soit science naturelle.

3. À l'heure actuelle, la physique subit un changement fondamental, dont la principale caractéristique est un retour à son autolimitation première.

4. Si elle veut sauvegarder son contenu philoso-

phique, une science doit prendre conscience de ses limites. Les découvertes sensationnelles sur les propriétés de phénomènes naturels isolés ne sont possibles qu'à la condition de ne pas définir à l'avance la nature générale de ces phénomènes. Ce n'est qu'en renonçant à dire ce que sont, en dernier ressort, les corps, la matière, l'énergie, etc., que la physique peut discerner les caractères particuliers des phénomènes que nous appelons ainsi, découvertes qui peuvent ensuite conduire à de véritables connaissances philosophiques.

Annexes

Remarques sur la traduction française de 1962

La traduction française du recueil de 1955, due à U. Karvelis et A. E. Leroy, est fidèle dans l'ensemble au texte allemand, mais elle présente deux caractéristiques qu'il est utile de noter à l'occasion de cette réédition : la première est qu'elle ne reflète pas entièrement l'exactitude du vocabulaire philosophique de Heisenberg, et la seconde est qu'elle omet un certain nombre d'éléments présents dans le volume de *Rowohlt*.

Le vocabulaire philosophique de Heisenberg

Heisenberg utilise un vocabulaire philosophique précis, mais qui est jusqu'à présent resté invisible du fait qu'il n'a été ni traduit de manière systématique, ni rapporté à son contexte d'origine, ni pris en considération du point de vue de la langue que Heisenberg fixe lui-même pour exprimer ce qu'il veut dire. Faute de proposer ici une analyse d'ensemble du rôle joué par la langue philosophique dans la transmission et la formulation des problèmes, on peut donner quelques exemples qui montrent que la traduction du recueil de 1955 doit sous ce rapport être utilisée avec certaines précautions. Ainsi des termes ou des expressions traditionnels dans la philosophie allemande du XIXe siècle tels que *Begriff* (concept), *Anschauung* (intuition, au sens kantien de représentation spatio-temporelle), et *Unanschaulichkeit* (caractère non intuitif), *an sich* (en soi), *Objektivierung* (objectivation), *Fragestellung* (type de question), *Gegenstand* (objet), *Seiende* (étant), *Wirklichkeit* (réalité), *Sachverhalt* (état de choses), *geistige* (de l'ordre de l'esprit, ou intellectuel), *Neuzeit* (Temps Modernes), ne sont pas traduits toujours de la même façon dans le texte français. De ce point de vue, une difficulté spéciale apparaît du fait que le français ne distingue pas *moderne* et *neuzeitliche*, ce qui fait que l'on trouve indifféremment « science moderne de la nature » ou « science de la nature des Temps Modernes », alors que tout le propos de Heisenberg est au contraire de les opposer (la « science moderne de la nature » désignant pour lui la physique contemporaine). D'autre part, Heisenberg fait usage de certains concepts qui avaient été largement discutés et définis ou redéfinis au cours de la période précédente (1850-1930) à l'occasion de la réflexion épistémologique sur les mathématiques et la physique. Si l'on tient compte de ce contexte, il faut distinguer, dans la traduction, entre *Kausalität* (causalité), *Ursache und Wirkung* (cause et effet) et *Gesetzlichkeit* (légalité), et s'arrêter sur des termes tels que *Gesetzmässigkeit* (régularité nomologique, en un sens défini ici par Heisenberg : voir p. 231), *Zusammenhang* (connexion), *Bild/Naturbild/Weltbild* (image, image de la nature, image du monde — mais en un sens spécifique du terme d'image), *richtig/zweckmässig* (qui est, par ex. p. 157, une référence évidente à Hertz), *Eindeutigkeit* (univocité), etc. Enfin, certains termes ou expressions sont à prendre en un sens que Heisenberg fixe lui-même ; ainsi *Ungenauigkeit/Unbestimmtheit* (incertitude/indétermination), *Ordnung* (agencement), *abgeschlossene Theorie* (théorie close), *Erfahrungsbereich* (région d'expérience), *Stellung zur Natur* (position à l'égard de la nature), ou *Herrschaft* (maîtrise).

Principales omissions par rapport au recueil allemand en 1955.

Une seconde caractéristique de la traduction française de 1962 est qu'elle omet un certain nombre d'éléments présents dans le recueil allemand de 1955. Ces éléments sont la Notice sur Heisenberg (traduite plus loin), les Indications bibliographiques (reproduites également plus loin), l'Index, ainsi qu'une Notice générale sur l'histoire du concept de nature, qui ne semble pas due à Heisenberg et qui est une sorte d'article d'Encyclopédie. Par ailleurs, un long texte présent dans les « Sources historiques » a été entièrement supprimé : il s'agit d'un extrait des *Vorlesungen über Naturphilosophie* (Leipzig, 1902) de Wilhelm Ostwald, dont il n'existe pas de traduction française disponible. Enfin, les bibliographies de littérature secondaire indiquées à la fin de chaque texte cité dans les « Sources historiques » avaient également été supprimées ; elles ont été rétablies et insérées dans le texte, de même que certaines corrections dans les bibliographies de sources primaires.

Traductions récentes disponibles des textes réunis dans les « Sources historiques »

Les « Sources historiques » ajoutées en Annexes dans le recueil de 1955[1] illustrent une histoire conceptuelle et philosophique du développement de la physique accordée au point de vue général de Heisenberg et à son interprétation des transformations intervenues avec la mécanique quantique dans la compréhension de la nature. D'où l'accent exceptionnellement important mis sur le rôle de l'expérience et la référence à l'empirique chez Galilée et Newton — par contraste avec le mathématisme métaphysique et néoplatonicien de Kepler. D'où également l'insistance sur la perte de la « modestie » ou de « l'humilité » (*Bescheidenheit*) scientifique, perte qui caractérise l'universalisme des Lumières et qui prépare les rigidités de la « conception matérialiste » du XIXe siècle, ainsi que la prétention de la physique à être une philosophie. Pour Heisenberg comme pour Bohr, la physique quantique est née en effet, non pas directement des mathématiques, mais de la réflexion sur les expériences et sur la définition des concepts, et par ailleurs elle a conduit à retrouver — avec H. Hertz comme précurseur — l'idée de régions d'expérience et de formes diversifiées de légalités

1. Les textes des Sources historiques semblent avoir été réunis par Ernesto Grassi, qui s'occupait de la collection de l'Encyclopédie Rowohlt (je remer cie H. Rechenberg de ses indications sur ce point).

correspondant à des domaines d'objets strictement délimités. En ce sens, comme le résume nettement la conclusion (p. 298), l'histoire de la physique que retracent les « Sources historiques » du recueil de 1955 est avant tout l'histoire de la formation et de l'abandon de la « conception mécaniste de la nature ».

Les bibliographies secondaires des auteurs cités, indiquées dans le texte original mais omises dans la traduction de 1962 et rétablies à l'occasion de cette réédition, donnent une idée de l'importance des traductions allemandes des textes classiques de l'histoire des sciences auxquels les étudiants et le public allemands pouvaient alors se référer. La traduction française de 1962 a sans doute été faite, en ce qui concerne les textes écrits en langue étrangère, d'après ces traductions allemandes ; tout au moins est-ce l'hypothèse la plus plausible, puisqu'à cette époque aucune des œuvres majeures de Kepler ou de Galilée, par exemple, n'était disponible en français. La situation est différente aujourd'hui et il semble donc utile d'indiquer ci-dessous, en regard des textes cités par Heisenberg, les références des traductions ou des éditions françaises récentes, quand elles existent.

J. KEPLER

Textes cités :

Mysterium Cosmographicum (1596), Dédicace de la 1re éd. et Chap. II.

Traduction récente :

Le secret du monde, tr. par A. Segonds, Paris, Les Belles-Lettres, 1984, resp. p. 12-16 et 48-52.

GALILÉE

Textes cités :

Lettre à Elia Diodati du 15 janvier 1633.

Dialogo sopra i due massimi sistemi del mondo (1632), Première Journée ; Deuxième Journée.

Discorsi e dimostrazioni matematiche intorno a due nuove scienze (1638), Troisième Journée ; Quatrième Journée.

Traductions récentes :

Dialogue sur les deux grands systèmes du monde, tr. par R. Fréreux et F. de Gandt, Paris, Le Seuil, 1992, resp. p. 127-130 et p. 132-139 (même pagination que la pagination originale de l'Ed. nazionale).

Discours et démonstrations mathématiques concernant deux sciences nouvelles, tr. par M. Clavelin, Paris, A. Colin, 1970 ; 2ᵉ éd. révisée, Paris, P.U.F., 1995, resp. pour la Troisième Journée : p. 125 et p. 130-131 (pagination originale : p. 190 et p. 197-198), et pour la Quatrième Journée : p. 205 (pagination originale : p. 268).

I. NEWTON

Texte cité :

Philosophiae Naturalis Principia Mathematica (1687). Livre III : « Du système du monde ». « Règles » ; et « Section V : Des Comètes ».

Pas de traduction récente. La seule traduction française disponible des *Principia* reste celle de la marquise du Châtelet : *Principes mathématiques de la Philosophie naturelle* (rééd. Paris, J. Gabay, 1990).

CH. HUYGENS

Texte cité :

Traité de la lumière (1690). Première partie, chapitre I : « Des rayons directement étendus ».

Réédition : *Traité de la lumière*, Paris, Dunod, 1992, p. 51-54. Introduction de M. Blay.

JEAN LE ROND D'ALEMBERT

Texte cité :

Discours préliminaire de l'Encyclopédie (1751).

Réédition : Paris, Vrin, 1984.

JULIEN OFFROY DE LA METTRIE

Texte cité :

L'homme-machine (1748).

Réédition : *L'homme-machine*, Paris, Denoël, 1981 ; rééd. Paris, Gallimard, coll. Folio, 1999, p. 203-205. Introduction de P.-L. Assoun.

WILHELM OSTWALD

Texte cité (omis de la traduction française de 1962) :

Vorlesungen über Naturphilosophie, gehalten im Sommer 1901 an der Universität Leipzig (1902), Introduction, et les Sections « Zeit, Raum, Substanz » (p. 148 sq.) et « Das Bewusstsein » (p. 392 sq.).

Pas de traduction française.

Notice sur l'auteur[1]

Werner Carl Heisenberg est né le 5 décembre 1901 à Würzbourg, où son père, Auguste Heisenberg, était alors professeur de lycée (*Gymnasiallehrer*). En 1909, le père de Heisenberg devient professeur de grec classique et moderne à l'université de Munich. À Munich, Werner Heisenberg fréquente le lycée classique, au Maximilians-Gymnasium, et il passe le baccalauréat en 1920. Il fait ensuite des études de physique à Munich, où ses principaux professeurs sont Sommerfeld, Wien, Pringsheim et Rosenthal. Pendant le semestre d'hiver de 1922-1923, il est étudiant à Göttingen auprès de Born, Franck et Hilbert et il obtient le grade de docteur (Dr Phil) avec Sommerfeld à Munich, à l'été 1923. Il devient immédiatement après assistant de Born à Göttingen. Il obtient la *venia legendi* à Göttingen à l'été 1924. Au cours de l'hiver 1924 et jusqu'en 1925, il travaille à Copenhague auprès de Niels Bohr, grâce à une bourse

1. Cette notice figure aux pages 139 et 140 du recueil allemand de 1955, mais elle avait été omise de la traduction française de 1962. Heisenberg revient d'Angleterre en janvier 1946, non au printemps ; une « Max-Planck-Gesellschaft in der britischen Zone » est fondée au milieu de l'année 1946 pour succéder à la Kaiser-Wilhelm-Gesellschaft, et l'institution officielle de la Max-Planck-Gesellschaft réunissant les Instituts de toutes les zones occupées date de février 1948 (je remercie H. Rechenberg pour ses précisions sur ce sujet).

Rockefeller. Pendant l'été 1925, il travaille de nouveau à Göttingen. En 1926, il est nommé lecteur de physique théorique à l'université de Copenhague. À l'automne 1927, il devient professeur titulaire (*ordentlicher Professor*) de physique théorique à l'université de Leipzig. Au cours de l'année 1929, il entreprend un voyage prolongé aux États-Unis d'Amérique, au Japon et en Inde, pour y donner des cours et des conférences. Il donne également des conférences aux États-Unis en 1932 et en 1939. En 1933, il reçoit le prix Nobel de physique pour l'année 1932. En 1941, il est nommé à l'université de Berlin et il devient en même temps directeur de l'Institut de physique Kaiser-Wilhelm à Berlin-Dahlem. À la fin de la guerre, il est fait prisonnier par les troupes américaines avec un certain nombre d'autres physiciens atomistes et emmené en Angleterre. Il revient d'Angleterre en Allemagne au printemps 1946 et il réorganise l'Institut Kaiser-Wilhelm de physique de Göttingen avec l'aide de quelques anciens collaborateurs. L'Institut, qui fonctionne à partir de 1946 dans le cadre de la Société Max-Planck (*Max-Planck Gesellschaft*), refondée pour succéder à la *Kaiser-Wilhelm Gesellschaft*, et qui prend à partir de 1948 le nom d'Institut de physique Max-Planck, concentre son travail scientifique dans le domaine de la recherche sur les rayons cosmiques et par là même dans celui de la physique atomique des particules très riches en énergie. Au printemps 1948, W. Heisenberg donne des cours pendant quelques mois à l'université de Cambridge en Angleterre, puis, à l'automne de 1950 et de 1954, il donne des conférences aux États-Unis à l'invitation de différentes Universités.

Principales publications de Werner Heisenberg :

Die physikalischen Prinzipien der Quantentheorie, Leipzig, Hirzel, 1942 ; 4e éd. 1944. — *Wandlungen in den Grundlagen der Naturwissenschaft*, Leipzig, Hirzel, 1935 ; 8e éd. 1948. — *Die Physik der Atomkerne*, Brunswick, Vieweg, 1943 ; 3e éd. 1949. — Sous la direction de W. Heisenberg : *Vorträge über die kosmische Strahlung*, Berlin, Springer, 1943 ; 2e éd. 1953.

Publications dans des revues scientifiques :

« Über Stabilität und Turbulenz von Flüssigkeitströmen », *Annalen der Physik* 4-74 (1924), p. 577-627. — Avec H. Kramers : « Über die Streuung von Strahlung durch Atome », *Zeitschrift für Physik* 31 (1925), p. 681-708. — « Über quantentheoretische Umdeutung kinetischer und mechanischer Beziehungen », *Zeitschrift für Physik* 33 (1925), p. 879-893. — Avec M. Born et P. Jordan : « Zur Quantenmechanik II », *Zeitschrift für Physik* 35 (1926), p. 557-615. — Avec P. Jordan : « Anwendung der Quantenmechanik auf das Problem der anomalen Zeemaneffekte », *Zeitschrift für Physik* 37 (1926), p. 263-277. — « Über den anschaulichen Inhalt der quantentheoretischen Kinematik und Mechanik », *Zeitschrift für Physik* 43 (1927), p. 172-198. — « Zur Quantentheorie des Ferromagnetismus », in *Probleme der modernen Physik* (*Sommerfeld Festschrift*), 1928, p. 114-122. — Avec W. Pauli : « Zur Quantenmechanik der Wellenfelder », *Zeitschrift für Physik* 56 (1929), p. 1-61. — « Über den Bau der Atomkerne I », *Zeitschrift für Physik* 77 (1932), p. 1-11 ; « Über den Bau der Atomkerne II », *Zeitschrift für Physik* 78 (1932), p. 156-164, « Über den Bau der Atomkerne III », *Zeitschrift für Physik* 80 (1933), p. 587-596. — « Die Struktur der leichten Atomkerne », *Zeitschrift für Physik* 96 (1935), p. 473-484. — « Über die "Schauer" in der kosmischen Strahlung », *Forschungen und Fortschritte* 12 (1936), p. 341-342. — « Zur Theorie der explosionsartigen Schauer in der kosmischen Strahlung II », *Zeitschrift für Physik* 113 (1939), p. 61-86. — « Die "beobachtbaren Grossen" in der Theorie der Elementarteilchen I u. II », *Zeitschrift für Physik* 120 (1943), p. 513-538, p. 673-702. — « Zur statistischen Theorie der Turbulenz », *Zeitschrift für Physik* 124 (1948), p. 628-657. — « Mesonenerzeugung als Stosswellenproblem », *Zeitschrift für Physik* 133 (1952), p. 65-79. — « Zur Quantisierung nichtlinearer Gleichungen », *Nachrichten Akad. Wiss. Göttingen* (1953), p. 111-127. — « Zur Quantentheorie nichtrenormierbarer Wellengleichungen », *Zeitschrift für Naturforschung* 9a (1954), p. 292-303.

Indications bibliographiques [1]

Auteurs allemands

BAVINK, B., *Die Hauptfragen der heutigen Naturphilosophie*, 1928.
—, *Ergebnisse und Probleme der Naturwissenschaften*, 1953.
—, *Was ist Wahrheit in den Naturwissenschaften ?*, Wiesbaden, 1947.
—, *Das Weltbild der heutigen Naturwissenschaften und seine Beziehung zu Philosophie und Religion*, Iserlohn, 1947.
BECHER, E., *Naturphilosophie*, 1914.

1. La bibliographie incluse dans le volume de 1955, mais omise dans la traduction française de 1962, est ici reproduite à l'identique. Il est possible que cette bibliographie ait été établie par l'éditeur, et probable que Heisenberg, attentif en général à ce qui était publié sous son nom, l'ait relue. Il ne s'agit que d'une bibliographie indicative, destinée aux lecteurs des volumes de l'*Encyclopédie Rowohlt* : on n'y trouvera ni toutes les dates, ni toutes les localisations des éditions originales des textes cités. S'il a semblé utile de reproduire ces indications sans modifications, c'est donc à titre de document au sujet des références contemporaines du recueil. Pour cette même raison, les titres des ouvrages étrangers ont été laissés tels quels ; certains de ces titres sont donnés en allemand, dans leur traduction, tandis que d'autres sont laissés dans leur langue originale, vraisemblablement faute de traduction allemande (les cas de P. Hazard et de J. Jeans, qui ont droit à la fois au titre original et au titre allemand, sont sans doute un remords de l'éditeur).

BOPP, F. et RIEDEL, O., *Die physikalische Entwicklung der Quantentheorie*, 1950.
BURKAMP, W., *Naturphilosophie der Gegenwart*, 1930.
CASSIRER, E., *Das Erkenntnisproblem in der Philosophie und Wissenschaft der neueren Zeit*, 3 vol., 1922-1923. Vol. 4 : *The Problem of Knowledge*, 1950.
CONRAD-MARTIUS, H., *Der Selbstaufbau der Natur*, 1944.
DANNEMANN, F., *Aus der Werkstatt grosser Forscher*, Leipzig, 1922.
—, *Die Naturwissenschaften in ihrer Entwicklung*, 1923.
—, *Vom Werden der naturwissenschaftlichen Probleme. Grundriss einer Geschichte der Naturwissenschaften*, Leipzig, 1928.
DESSAUER, F., *Mensch und Kosmos*, 1949.
—, *Die Teleologie und die Natur*, 1949.
—, *Am Rande der Dinge. Über das Verhältnis von Wissen und Glauben*, 2e éd. 1952.
—, *Religion im Lichte der heutigen Naturwissenschaft*, 3e éd. 1952.
DRIESCH, H., *Die Maschine und der Organismus*, Bios vol. IV, Leipzig, 1935.
EINSTEIN, A., *Geometrie und Erfahrung*, 1921.
FRANK, Ph., *Das Ende der mechanistischen Physik*, 1935.
GEIGER, M., *Die philosophische Bedeutung der Relativitätstheorie*, 1921.
GRASSI, E. et UEXKULL, Th. v., *Wirklichkeit als Geheimnis und Auftrag*, 1951.
HAAS, H., *Einführung in die theoretische Physik*, 1930.
HARTMANN, H., *Schöpfer des neuen Weltbildes*, Bonn, 1952.
HARTMANN, M., *Die philosophischen Grundlagen der Naturwissenschaften*, 1948.
HARTMANN, M. et GERLACH, W., *Naturwissenschaftliche Erkenntnis und ihre Methoden*, 1937.
HARTMANN, N., *Der Aufbau der realen Welt*, 1940.
HEIM, K., *Der christliche Gottesglaube und die Naturwissenschaft*, vol. 1 et 2, Tübingen, 1949 et 1951.
HEISENBERG, W., *Die physikalischen Prinzipien der Quantentheorie*, 4e éd., Leipzig, 1944.

—, *Die Physik der Atomkerne. 8 Vorträge*, 3e éd., Brunswick, 1949.
—, « Die Einheit der naturwissenschaftlichen Weltbildes », in *Wandlungen in den Grundlagen der Naturwissenschaft*, 8e éd., 1948.
—, « Die gegenwärtige Aufgabe der theoretischen Physik », *Scientia* (février), 1938.
—, *Wandlungen in den Grundlagen der Naturwissenschaft*, 8e éd., 1948.
—, « Die Rolle der Unbestimmtheitsrelation in der modernen Physik », *Monatshefte für Mathematik und Physik*, 38, 1931, p. 365-372.
—, « Prinzipielle Fragen der modernen Physik », in *Wandlungen in den Grundlagen der Naturwissenschaft*, 2e éd., 1936.
HELMHOLTZ, H. v., *Schriften zur Erkenntnistheorie*, 1921.
HILDESHEIMER, A., *Die Welt der ungewohnten Dimensionen*, Leyde, 1953.
HÖNIGSWALD, R., *Naturphilosophie* (Jahrbücher der Philosophie, 1), 1913.
JAKOB, H., *Die Grundlagen unserer naturwissenschaftlichen Erkenntnis*, Zurich, 1948.
JORDAN, P., *Die Physik und das Geheimnis des organischen Lebens*, 6e éd., Brunswick, 1948.
—, *Die Physik des 20. Jahrhunderts*, 8e éd., Brunswick, 1949.
—, *Das Bild der modernen Physik*, Hamburg, 1947.
—, *Schwerkraft und Weltall*, Brunswick, 1952.
LAUE, M. v., *Geschichte der Physik*, 3e éd., Bonn, 1950.
LOTZE, R. et SIHLER, H., *Das Weltbild der Naturwissenschaft*, 1954.
MACH, E., *Die Analyse der Empfindungen*, 1922.
MARCH, A., *Natur und Erkenntnis*, 1948.
NIGGLI, P., *Probleme der Naturwissenschaften*, 1949.
PLANCK, M., *Die Einheit des Wissenschaftsbildes*, 1909.
—, *Sinn und Grenzen der exakten Wissenschaft*, 2e éd., 1947.
—, *Vorträge und Erinnerungen*, 5e éd., Stuttgart, 1949.
—, *Kausalgesetz und Willensfreiheit*, 1923.
—, *Das Weltbild der neuen Physik*, 10e éd., 1947.

—, *Wege zur physikalischen Erkenntnis*, 1944.
—, *Wissenschaft und Methode*, 1912.
REICHENBACH, H., *Philosophische Grundlagen der Quantenmechanik*, 1949.
SELIGER, R., *Die Grundbeziehungen der neuen Physik*, 1948.
UEXKÜLL, Th. v., *Mensch und Natur*, Sammlung Dalp, 1953.
UEXKÜLL, Th. v., et GRASSI, E., *Vom Ursprung der Natur- und Geisteswissenschaften*, 1952.
WEIZSÄCKER, C. F. v., *Die Geschichte der Natur*, Göttingen, 1948.
—, *Physik der Gegenwart*, Bonn, 1952.
—, *Zum Weltbild der Physik*, 6e éd., Stuttgart, 1954.
WENZI, A., *Metaphysik der Physik von heute*, 1935.

Auteurs étrangers

BOHR, N., *Atomtheorie und Naturbeschreibung*, Berlin, 1931.
BOUTROUX, E., *Das Wissenschaftsideal des Mathematikers*, 1927.
BRIDGMAN, P. W., *Logik der heutigen Physik*, 1932.
BROGLIE, L. de, *Physik und Mikrophysik*, Hambourg, 1950.
BUTTERFIELD, H., *The Origins of Modern Science*, Londres, 1949.
BURTT, E. C., *The Metaphysical Foundations of Modern Physical Science*, Londres, 1925.
DAMPIER, W. C., *A History of Science*, 3e éd., Cambridge, 1942.
DINGLER, H. éd., *A Century of Science 1851-1951. Written by Spezialist Authors (sic)*, Londres, 1951.
DREYER, J. L., *History of the Planetary Systems from Thales to Kepler*, Cambridge, 1906.
DUHEM, P., *Ziel und Struktur der physikalischen Theorien*, 1908.
EDDINGTON, A., *Das Weltbild der Physik. Ein Versuch seiner philosophischen Deutung (The Nature of the Physical World)*, Brunswick, 1931.
GROTT, H., *Raum und Zeit. Eine Untersuchung der metaphysischen Grundlagen unserer Naturwissenschaft*, Francfort, 1950.

HAZARD, P., *La crise de la conscience européenne (1690-1715)*, 3 vol., Paris, 1935 ; en allemand : *Die Krise des europaischen Geistes*, Hambourg, 1939.

JEANS, J., *The Growth of Physical Science*, Cambridge, 1947 ; en allemand : *Der Werdegang der exakten Wissenschaft*, Berne, 1948.

—, *Physik und Philosophie*, Zurich, 1951.

—, *Die neuen Grundlagen der Naturerkenntnis*, Stuttgart, 1934.

JOAD, E. C. M., *Philosophical Aspects of Modern Science*, 3e éd., Londres, 1943.

MIELI, A., *La science arabe et son rôle dans l'évolution scientifique mondiale*, Leyde, 1939.

OPPENHEIMER, J. R., *Wissenschaft und allgemeines Denken*, 1955. Rowohlts deutsche Enzyklopädie vol. 6 (édition américaine : *Science and the Common Understanding*, New York, 1953).

POINCARÉ, H., *Wissenschaft und Hypothese*, 3e éd., 1914.

—, *Letzte Gedanken*, 1913.

—, *Der Wert der Wissenschaft*, 1906.

SARTON, G., *Introduction to the History of Science*, 1947-1950.

TAYLOR, F. S., *A Short History of Science*, Londres, 1939.

THOMSON, G., *Das Atom*, 3e éd., Göttingen, 1952.

WHITEHEAD, A. N., *The Concept of Nature*, 1920.

—, *An Inquiry Concerning the Principles of Natural Knowledge*, 1925.

—, *Science and the Modern World*, 1927.

Manuels :

FINKELNBURG, W., *Einführung in die Atomphysik*, 3e éd., Berlin, 1954.

RIEZLER, W., *Einführung in die Kernphysik*, 4e éd., Berlin, 1950.

Index

ALEMBERT, Jean Le Rond d', 256-263.
ANDERSON, Carl David, 292.
ARCHIMÈDE, 209.
ARCHYTAS DE TARENTE, 215.
ARISTOTE, 33, 103, 149, 203, 211, 222, 223, 224, 225, 226, 227, 228, 229, 230.
AUGER, Pierre Victor, 291.

BACON, Francis, baron Verulam, 237.
BECQUEREL, Henri, 290.
BERKELEY, George, 30.
BLACKETT, lord Patrick Maynard, 291, 292.
BOHM, David, 61.
BOHR, Niels, 10 n. 3, 19 n. 1 et 2, 20, 21 et n. 2, 23 et n. 2, 24, 25, 26 et n. 1, 27, 31 n. 1, 34-46, 47, 48 et n. 2, 50, 51, 52 n. 1 et 2, 55, 56 n. 3, 58, 61 n. 1, 62, 66, 70, 79, 83, 109, 111, 127, 155, 156, 157, 279, 280, 288, 295.
BOLTZMANN, Ludwig, 154, 155.
BORN, Max, 10, 22 n. 2, 34, 38, 41 n. 1.
BOTHE, Walter, 37 n. 3.
BOYLE, sir Robert, 153, 238, 254, 255.
BROGLIE, Louis, prince puis duc de, 34, 266, 272-297.
BROGLIE, Maurice, duc de, 292.
BURCKHARDT, Jakob, 29, 86 n. 4, 108.

CARCARILLE, 209.
CARSON, Cathryn, 15 n. 1, 16 n. 2, 21 n. 1, 35 et n. 1, 59 n. 1, 60 n. 2, 66 n. 1.
CASSIDY, David, 35 et n. 1, 59 n. 1.
CASSIRER, Ernst, 33, 62.

CHADWICK, sir James, 291, 292.
CHARLES-QUINT (empereur germanique et roi d'Espagne), 199, 200.
CICÉRON, 202.
COCKCROFT, sir John Douglas, 291.
COLOMB, Christophe, Cristoforo Colombo dit en fr., 29, 188.
COPENHAGUE, esprit de, 10 n. 3, 34.
COPERNIC, Nicolas, Nikolaj Kopernik dit en fr., 29 et n. 4, 200, 201, 206, 207.
COTES, Roger, 238, 239, 240.
CURIE, Marie, née Sklodowska, 290, 291.
CURIE, Pierre, 290.

DAVISSON, Clinton Joseph, 289.
DÉMOCRITE, 32, 33, 56 n. 1, 123, 151, 152, 182.
DESCARTES, René, 29, 30 et n. 1, 33, 52, 61, 71 n. 2, 72, 92, 101, 110, 142, 182, 251, 254, 255.
DILTHEY, Wilhelm, 68 n. 1.
DIODATI, Elia, 211.
DIRAC, Paul Adrien Maurice, 33, 34, 41 n. 1.
DSCHUANG DSI, 133, 134, 135, 137.
DU BOIS-REYMOND, Emil, 64.

EDDINGTON, sir Arthur Stanley, 267.
EHRENFEST, Paul, 48.
EINSTEIN, Albert, 19, 22, 27, 29 n. 4, 33, 34, 47, 48, 64, 155, 165, 285, 294.
ÉPICURE, 254.
EUCLIDE, 176, 177, 205, 206.

FIERZ, Markus, 48 n. 2.
FORMAN, Paul, 20 et n. 1, 23 et n. 1 et 2, 40.
FRANCK, Philip, 21 n. 2.
FRESNEL, Augustin, 282, 283, 284.
FREYER, Hans, 188.

GALIEN, 222.
GALILÉE, Galileo Galilei dit en fr., 29 et n. 4, 31, 45, 71 et n. 2, 73, 92, 101, 105, 112, 119, 120, 209-237.
GASSENDI, Pierre, Pierre Gassend dit, 182, 254.
GEIGER, Hans, 37 n. 3.
GEORGE, Stefan, 28.
GERMER, Lester Halbert, 289.
GIBBS, Josiah Willard, 154, 155.
GILBERT, William, 237-238.
GOETHE, Johann Wolfgang von, 28, 29, 57, 60.
GUARDINI, Romano, 16 n. 1, 60.

HAHN, Otto, 162.
HARVEY, William, 237.
HEIDEGGER, Martin, 16 et n. 2,

18, 33, 60, 62, 63, 65, 66 et n. 1, 67 et n. 1, 68, 90 n. 1, 93, 100-108, 111.
HELMHOLTZ, Hermann Ludwig Ferdinand von, 51, 64 et n. 2.
HERTZ, Heinrich, 51, 266-272.
HERTZ, Paul, 64 n. 2.
HILBERT, David, 61 n. 1.
HØFFDING, Harald, 23 n. 2.
HOHENBURG, Herwart von, 200.
HÖLDERLIN, Friedrich, 28, 106.
HOMÈRE, 28 n. 1.
HORACE, 28 n. 1.
HUMBOLDT, Wilhelm von, 52 n. 1.
HUME, David, 30.
HUSSERL, Edmund, 14, 33, 71 n. 2, 101.
HUYGENS, Christian, 248-253, 264, 282.

JOLIOT-CURIE, Frédéric, 291, 292.
JOLIOT-CURIE, Irène, 291, 292.
JORDAN, Pascual, 27, 38, 41 n. 1, 158.
JUNG, Carl Gustav, 48 et n. 2.
JÜNGER, Ernst, 66 n. 1.
JÜNGER, Friedrich Georg, 16 n. 1, 60, 66 n. 1.

KAMLAH, Wilhelm, 120.
KANT, Emmanuel, 30, 31 et n. 1, 39 n. 1, 41 n. 2, 51, 52 et n. 2, 55, 62, 64 n. 2, 75, 77, 110, 150.
KELLER, Gottfried, 28.
KEPLER, Johannes, 29 et n. 4, 48, 70, 71, 72, 119, 120, 194-208, 209, 231.
KOJÈVE, Alexandre, 33, 62, 72 n. 3.
KOYRÉ, Alexandre, 29 n. 4, 71 n. 2, 72 n. 3.
KRAMERS, Heinrich, 35, 37 n. 3, 38, 39.
KRONECKER, Leopold, 28 n. 1.
KUHN, Thomas S., 37 n. 3, 45.

LA METTRIE, Julien Offroy de, 263-265.
LAGRANGE, Joseph Louis, comte de, 271.
LAPLACE, Pierre Simon, marquis de, 150.
LAWRENCE, Ernest Orlando, 291.
LEIBNIZ, Gottfried Wilhelm, 52.
LÉONARD DE VINCI, Leonardo da Vinci dit en fr., 210.
LEPRINCE-RINGUET, Louis, 292.
LEUCIPPE, 151, 182.
LOCKE, John, 256.
LOTZE, Rudolf Hermann, 68 n. 1.
LUTHER, Martin, 29.

MACH, Ernst, 19, 21 et n. 2, 51.
MARIOTTE, Edme, 238.
MENDELEÏEV, Dmitri Ivanovitch, 279.

MICHEL-ANGE, Michelangelo Buonarroti dit en fr., 215, 219.
MILLIKAN, Robert Andrews, 293.
MUNICH, École de, 35, 36.

NEEDHAM, Joseph, 72 n. 3.
NEWTON, sir Isaac, 30, 31, 57, 74, 94, 101, 112, 119, 120, 121, 122, 140, 150, 153, 156, 165, 177, 237-247, 248, 249.
NICOLAS DE CUSE, 201.
NIETZSCHE, Friedrich, 86 n. 4.

OCCHIALINI, Giuseppe, 292.
OVIDE, 224.

PANOFSKY, Erwin, 73 n. 1.
PAULI, Wolfgang, 19 n. 1, 22, 23 n. 2, 27, 33, 34, 35, 36, 37 et n. 3, 38, 39, 40, 41 n. 1, 46 et n. 2, 47, 48 et n. 2, 51, 52 n. 2, 58, 62, 79, 111.
PERRIN, Jean, 276.
PLANCK, Max, 21 n. 2, 41, 57, 59 n. 1, 60, 64, 155, 156, 184, 280.
PLATON, 28 n. 1, 29, 31, 32, 33, 56 n. 1, 60, 180, 181, 182, 202, 206, 207.
PONTE, Maurice, 289.
POPPER, sir Karl Raimund, 19 et n. 2.
PRETORIUS, Emil, 16 n. 1.
PYTHAGORE, 176, 177, 195, 200.

RAPHAËL, Raffaello Sanzio dit en fr., 219.
RECHENBERG, Helmut, 16 n. 2, 66 n. 1, 96 n. 3.
RICKERT, Heinrich, 23 n. 2, 68 n. 1.
RÖNTGEN, Wilhelm Conrad, 83, 129.
ROSENBLUM, Salomon, 292.
RUSSEL, Bertrand, comte, 19, 60.
RUTHERFORD, Ernest, lord of Nelson, 156, 279, 291.
RYDBERG, Johannes Robert, 48.

SCHEIBE, Erhard, 26.
SCHLICK, Moritz, 64 n. 2.
SCHRÖDINGER, Erwin, 27, 33, 34, 64.
SEDLMEIER, Hans, 96 n. 3.
SELLERI, Franco, 20 n. 1.
SLATER, John Clarke, 37 n. 3.
SOCRATE, 213, 214, 215.
SOMMERFELD, Arnold, 36, 48, 61 n. 1, 155, 180.
SOPHOCLE, 28 et n. 1.

TACITE, 28 n. 1.
THIBAUD, Jean, 292.
THOMSON, sir George Paget, 289.
TITIEN, Tiziano Vecellio dit en fr. le, 219.
TORRICELLI, Evangelista, 238.
TRILLAT, Jean-Jacques, 292.

VAUCANSON, Jacques de, 264.
VIENNE, Cercle de, 21 et n. 2.
VIRGILE, 224.
VOLTA, Alessandro, comte, 122.
VOLTAIRE, François Marie Arouet dit, 256.

WALTON, Ernest Thomas Sinton, 291.
WEBER, Max, 72 n. 3.
WEIZSÄCKER, Carl Friedrich, baron von, 66 n. 1.

YOUNG, Thomas, 282, 283

ZWINGLI, Ulrich, 29.

AVANT-PROPOS 7

INTRODUCTION 9

Heisenberg et la philosophie 18

Positivisme, irrationalisme, dilettantisme ? 18

Les références de Heisenberg 27

La nécessité de la philosophie : la crise des concepts fondamentaux et l'analyse de Bohr 34

La nécessité de la philosophie : comprendre l'achèvement de la philosophie des « Temps Modernes » 47

La conférence de 1953 sur la technique et la confrontation avec Heidegger 63

Position de la question 68

Détail de l'argument 70

Physique : l'évolution de la science mathématique de la nature, 70 – Technique : de la technique comme présupposition/conséquence de la science à la technique comme processus « biologique » autonomisé et

mondial, 82 – La « situation absolument nouvelle » et le « danger », 88
La confrontation avec Heidegger 100
Conclusion 109

I
LA NATURE DANS LA PHYSIQUE CONTEMPORAINE

LE PROBLÈME DE LA NATURE 119
Transformations dans l'attitude du savant à l'égard de la nature 119
Transformations de la signification du terme « nature » 122
La crise de la conception matérialiste 124

LA TECHNIQUE 128
Action réciproque de la technique et des sciences de la nature 128
Intervention de la technique dans les rapports de la nature avec l'homme 131

LES SCIENCES DE LA NATURE EN TANT QUE PARTIES DES ACTIONS RÉCIPROQUES ENTRE L'HOMME ET LA NATURE 133
Technique et transformation du mode de vie 133
L'homme se trouve désormais seul avec lui-même 135
Nouveau concept de la vérité scientifique 138
Prise de conscience du danger de notre situation 143

II

PHYSIQUE DE L'ATOME ET LOI DE LA CAUSALITÉ

LE CONCEPT DE « CAUSALITÉ » 149

LES LOIS STATISTIQUES 151

CARACTÈRE STATISTIQUE DE LA THÉORIE DES QUANTA 155

HISTOIRE DE LA PHYSIQUE DE L'ATOME 160

LA THÉORIE DE LA RELATIVITÉ ET LA DÉCOMPOSITION DU DÉTERMINISME 164

III

LES RAPPORTS ENTRE LA CULTURE HUMANISTE, LES SCIENCES DE LA NATURE ET L'OCCIDENT

ARGUMENTS TRADITIONNELS EN FAVEUR DE LA CULTURE HUMANISTE 171

DESCRIPTION MATHÉMATIQUE DE LA NATURE 175

LES ATOMES ET LA CULTURE HUMANISTE 179

LES SCIENCES DE LA NATURE ET LA CULTURE HUMANISTE 183

LA FOI EN NOTRE TÂCHE 187

SOURCES HISTORIQUES

LES DÉBUTS DES SCIENCES NATURELLES MODERNES 193

Johannes Kepler 194

Galilée 209

Isaac Newton 237

NAISSANCE DE LA CONCEPTION MÉCANIQUE ET MATÉRIALISTE 248

1. Application de la méthode de la mécanique newtonienne à d'autres domaines (optique) 248

Christian Huygens 248

2. Naissance de la conception mécanique et matérialiste 254

Jean Le Rond d'Alembert 256

Julien Offroy de La Mettrie 263

3. La crise de la conception mécanique matérialiste 266

Heinrich Hertz 266

Louis de Broglie 272

Annexes

Remarques sur la traduction française de 1962 303

Traductions récentes disponibles des textes réunis dans les « Sources historiques » 306

« Notice sur l'auteur » (traduction du texte allemand de 1955) 310

« Indications bibliographiques » (traduction du texte allemand de 1955) 313

INDEX 319

DANS LA COLLECTION FOLIO / ESSAIS

276 Montesquieu : *De l'Esprit des lois, II.*
277 Sous la direction de Denis Kambouchner : *Notions de philosophie, I.*
278 Sous la direction de Denis Kambouchner : *Notions de philosophie, II.*
279 Sous la direction de Denis Kambouchner : *Notions de philosophie, III.*
280 Pierre Hadot : *Qu'est-ce que la philosophie antique ?*
281 Jean-Jacques Rousseau : *Émile ou De l'éducation.*
282 Jean Bastaire : *Péguy tel qu'on l'ignore.*
284 Jean-Paul Sartre : *L'existentialisme est un humanisme.*
285 Jean Prévost : *La création chez Stendhal.*
286 Carlos Castaneda : *Le second anneau de pouvoir.*
287 André Breton : *Les Vases communicants.*
288 Jean-Noël Schifano : *Désir d'Italie.*
289 Francis Bacon : *Entretiens avec Michel Archimbaud.*
290 Roger Caillois : *Babel* précédé de *Vocabulaire esthétique.*
291 C. G. Jung : *Un mythe moderne.*
292 Paul Valéry : *Tel quel.*
293 Jorge Luis Borges et Alicia Jurado : *Qu'est-ce que le bouddhisme ?*
294 Witold Gombrowicz : *Testament.*
295 Gaëtan Picon : *1863. Naissance de la peinture moderne.*
296 Thomas Pavel : *L'art de l'éloignement (Essai sur l'imagination classique).*
297 Stendhal : *Histoire de la peinture en Italie.*
298 André Malraux : *La politique, la culture.*
299 Gérard Mairet : *Le principe de souveraineté (Histoires et fondements du pouvoir moderne).*
300 André Malraux : *Le Musée Imaginaire.*
301 Jean-Marc Lévy-Leblond : *La pierre de touche (La science à l'épreuve...).*

302 Pierre Hadot : *Plotin ou la simplicité du regard.*
303 Marc Jimenez : *Qu'est-ce que l'esthétique ?*
304 Jean-Jacques Rousseau : *Discours sur les sciences et les arts.*
305 Albert Camus : *Actuelles (Écrits politiques).*
306 Miguel de Unamuno : *Le sentiment tragique de la vie.*
307 Benjamin Constant : *Écrits politiques.*
308 Platon : *Les Lois.*
309 Fernand Léger : *Fonctions de la peinture.*
310 Carlos Castaneda : *Le don de l'Aigle.*
311 Bertrand Vergely : *La souffrance.*
312 Régis Debray : *L'État séducteur.*
313 Édouard Glissant : *Le discours antillais.*
314 Françoise Dolto : *Sexualité féminine (La libido génitale et son destin féminin).*
315 Françoise Dolto : *Les étapes majeures de l'enfance.*
316 Simone Weil : *Réflexions sur les causes de la liberté et de l'oppression sociale.*
317 Bruno Bettelheim : *La Forteresse vide.*
318 Sigmund Freud : *La question de l'analyse profane.*
319 Raymond Aron : *Marxismes imaginaires (D'une sainte famille à l'autre).*
320 Antonin Artaud : *Messages révolutionnaires.*
322 Paul Klee : *Théorie de l'art moderne.*
323 Paul Valéry : *Degas Danse Dessin.*
324 Carlos Castaneda : *Le feu du dedans.*
325 Georges Bernanos : *Français, si vous saviez...*
326 Édouard Glissant : *Faulkner, Mississippi.*
327 Paul Valéry : *Variété I et II .*
328 Paul Bénichou : *Selon Mallarmé.*
329 Alain : *Entretiens au bord de la mer (Recherche de l'entendement).*
330 Sous la direction d'Henri-Charles Puech : *Histoire des religions I*.*
331 Sous la direction d'Henri-Charles Puech : *Histoire des religions I**.*
332 Sous la direction d'Henri-Charles Puech : *Histoire des religions II*.*

333 Sous la direction d'Henri-Charles Puech : *Histoire des religions II***.
334 Sous la direction d'Henri-Charles Puech : *Histoire des religions III**.
335 Sous la direction d'Henri-Charles Puech : *Histoire des religions III***.
336 Didier Anzieu : *Beckett.*
337 Sous la direction de Brice Parain : *Histoire de la philosophie I, vol. 1.*
338 Sous la direction de Brice Parain : *Histoire de la philosophie I, vol. 2.*
339 Sous la direction d'Yvon Belaval : *Histoire de la philosophie II, vol. 1.*
340 Sous la direction d'Yvon Belaval : *Histoire de la philosophie II, vol. 2.*
341 Sous la direction d'Yvon Belaval : *Histoire de la philosophie III, vol. 1.*
342 Sous la direction d'Yvon Belaval : *Histoire de la philosophie III, vol. 2.*
343 Rémi Brague : *Europe, la voie romaine.*
344 Julien Offroy de La Mettrie : *L'Homme-Machine.*
345 Yves Bonnefoy : *Le nuage rouge.*
346 Carlos Castaneda : *La force du silence (Nouvelles leçons de don Juan).*
347 Platon : *Gorgias* suivi de *Ménon.*
348 Danilo Martuccelli : *Sociologies de la modernité (L'itinéraire du XXe siècle).*
349 Robert Castel : *Les métamorphoses de la question sociale (Une chronique du salariat).*
350 Gabriel Marcel : *Essai de philosophie concrète.*
351 J.-B. Pontalis : *Perdre de vue.*
352 Patrick Chamoiseau, Raphaël Confiant : *Lettres créoles.*
353 Annie Cohen-Solal : *Sartre 1905-1980.*
354 Pierre Guenancia : *Lire Descartes.*
355 Julia Kristeva : *Le temps sensible (Proust et l'expérience littéraire).*
357 Claude Lefort : *Les formes de l'histoire (Essais d'anthropologie politique).*

BIBLIOTHEQUE
UNIVERSITE HAUTE ALSACE
MULHOUSE

Composition Interligne.
Impression Société Nouvelle Firmin-Didot
à Mesnil-sur-l'Estrée, le 7 février 2000.
Dépôt légal : février 2000.
Numéro d'imprimeur : 49881.

ISBN 2-07-040975-9/Imprimé en France.

90730